机电一体化技术实训

主　编　李跃武　王盈学
副主编　李　岩　平艳玲
主　审　侯克青

中国矿业大学出版社
·徐州·

内 容 提 要

本书主要内容涵盖了 SX-815Q 型机电一体化综合实训设备概述、机电一体化实训操作技术规范、实训室管理规章制度、颗粒上料单元装调实训、加盖拧盖单元装调实训、检测分拣单元装调实训、6 轴机器人单元装调实训、成品入仓单元装调实训、机电一体化设备系统编程与优化等内容。本书编写时以历届机电一体化项目国赛、省赛指定的典型工作任务为载体，技术涉及机、电、气、PLC、工业组态控制、工业控制网络等，内容循序渐进，具有可操作性和实用性，具有职业化特色。

本书可作为高职高专自动化类、机械类专业的实训指导用书，也可作为相关专业的学生和企业工程技术人员的参考用书。

图书在版编目(CIP)数据

机电一体化技术实训 / 李跃武，王盈学主编.
—徐州：中国矿业大学出版社，2020.12
ISBN 978-7-5646-4933-3

Ⅰ.①机… Ⅱ.①李…②王… Ⅲ.①机电一体化—高等职业教育—教材 Ⅳ.①TH-39

中国版本图书馆 CIP 数据核字(2020)第 269615 号

书　　名　机电一体化技术实训
主　　编　李跃武　王盈学
责任编辑　何　戈
出版发行　中国矿业大学出版社有限责任公司
（江苏省徐州市解放南路　邮编 221008）
营销热线　(0516)83884103　83885105
出版服务　(0516)83995789　83884920
网　　址　http://www.cumtp.com　**E-mail**:cumtpvip@cumtp.com
印　　刷　苏州市古得堡数码印刷有限公司
开　　本　787 mm×1092 mm　1/16　**印张** 12　**字数** 300 千字
版次印次　2020 年 12 月第 1 版　2020 年 12 月第 1 次印刷
定　　价　35.00 元
（图书出现印装质量问题，本社负责调换）

前 言

随着我国进入新的发展阶段，产业升级和经济结构调整不断加快，各行各业对技术技能人才的需求越来越紧迫。“中国制造2025”的提出和有计划地实施，亟须培养大批高素质、掌握现代工业控制先进技术的高技能人才。

为了落实教育部高职高专教育改革和发展的需要，推进理实一体化教学及教学模式的转变，培养学生动手能力，使其提前适应职场环境的需要而组织编写了《机电一体化技术实训》。

本书的编写思路是配合机电一体化技术、生产过程自动化等课程的实践教学，以药物灌装自动生产设备为实训平台，培养学生遵守规则、安全操作、装配调试和维修能力，适应环境能力，人际沟通与交流能力为目标。以工作过程为导向，以任务为载体，积极构建气动、电气控制、PLC、传感器技术、组态技术于一体，以安装、调试和维修工艺为主线来构建课程体系和组织教材内容，向学生提供一个综合性的实训指导，培养学生机电一体化技术的应用能力。

全书分为两大模块。模块一为基础篇，主要介绍SX-815Q型机电一体化实训设备、设备的安装与调试、机电一体化实训操作工艺技术规范、实训室管理制度、实训设备操作规程、安全注意事项等内容。模块二为综合技能篇，涉及颗粒上料单元的安装与调试实训、加盖拧盖单元的安装与调试实训、检测分拣单元的安装与调试实训、6轴机器人单元的安装与调试实训、成品入仓单元的安装与调试实训、机电一体化设备系统编程与优化等内容。

每个模块有模块导读，按机电一体化实训设备各功能单元为实训项目，以每个单元的构造特点和技术特点来设计训练任务，在技术技能训练上各有侧重。为适应技能考核与竞赛，每个任务都设计有任务评价，用于检测和校准技术训练的不足之处。

本书编写紧扣“准确性、实用性、先进性、可读性”原则，配有丰富的图片、表格，语言简明，通俗易懂，内容精练，可操作性强，力求提高学生的学习兴趣和效率。

本书由长治职业技术学院李跃武和王盈学任主编，由杭州师范大学李岩和长治职业技术学院平艳玲任副主编。具体分工如下：模块一、附录由李岩编写；模块二中的项目一、二、三由李跃武编写，项目四、五由王盈学编写，项目六由平艳玲编写。全书由李跃武、王盈学统稿和定稿，由长治职业技术学院侯克青教授主审。

本书在编写过程中得到了同行的大力支持和帮助，在此表示感谢。书中选用了某些产品样本的部分图例，参考了某些产品的技术手册，特别是广东三向教学仪器制造有限公司编写的实训指导书，在此向相关作者表示衷心的感谢。限于编者水平，书中难免有不妥与疏漏之处，敬请广大师生和读者提出宝贵的意见和建议。

编　者

2020年6月

目 录

模块一 基 础 篇

模块二 综合技能篇

模块一　基础篇

模块导读

本模块主要介绍了SX-815Q型机电一体化综合实训设备的功能、组成及应用，以及学生在实训室实训时应遵守的一些规章制度和上机操作规范及安全注意事项；介绍了设备在安装调试时应遵守的工艺技术规范。

项目一 SX-815Q 型机电一体化综合实训设备概述

一、系统概述

SX-815Q 型机电一体化综合实训设备(图 1-1-1)主要由颗粒上料单元、加盖拧盖单元、检测分拣单元、工业机器人搬运单元、成品入仓单元等组成。设备涉及工业机器人应用技术、PLC 及特殊功能模块技术、触摸屏应用技术、通信应用技术、交流伺服应用技术、交流变频应用技术、电力电子应用技术、传感器应用技术、气动控制技术、机械装调技术等机电一体化技术,可以实现空瓶上料、颗粒上料、物料分拣、颗粒填装、加盖拧盖、物料检测、瓶盖检测、产品分拣、盒盖包装、贴标、入库等自动生产全过程。

图 1-1-1 SX-815Q 型机电一体化综合实训设备

系统的 5 个工作单元都配有独立的 PLC 和人机交互的按钮板,可以联机运行,同时各单元也可以单站运行。5 台 PLC 通过 RS485 进行通信,可以任意选择其中一个工作单元作为主站。

二、设备组成及功能

SX-815Q 型机电一体化综合实训设备组成及功能见表 1-1-1。

表 1-1-1　SX-815Q 型机电一体化综合实训设备组成及功能

主体配置		
名称 规格型号	产品图片	功能描述
颗粒上料单元 SX-815Q-47		上料输送带逐个将空瓶输送到主输送带；同时循环选料将料筒内的物料推出，对颗粒物料根据颜色进行分拣；当空瓶到达填装位后，顶瓶装置将空瓶固定，主输送带停止；上料填装模块将分拣到位的颗粒物料吸取放到空瓶内；瓶子内物料到达设定的颗粒数量后，顶瓶装置松开，主输送带启动，将瓶子输送到下一个工位。此单元可以设定多样化的填装方式，可将物料颜色(2种)、颗粒数量(最多 4 粒)进行不同的组合
加盖拧盖单元 SX-815Q-26		瓶子被输送到加盖模块下，加盖位顶瓶装置将瓶子固定，加盖机构启动加盖流程，将盖子(白色或蓝色)加到瓶子上；加上盖子的瓶子继续被送往拧盖机构，到拧盖模块下方，拧盖位顶瓶装置将瓶子固定，拧盖机构启动，将瓶盖拧紧
检测分拣单元 SX-815Q-27	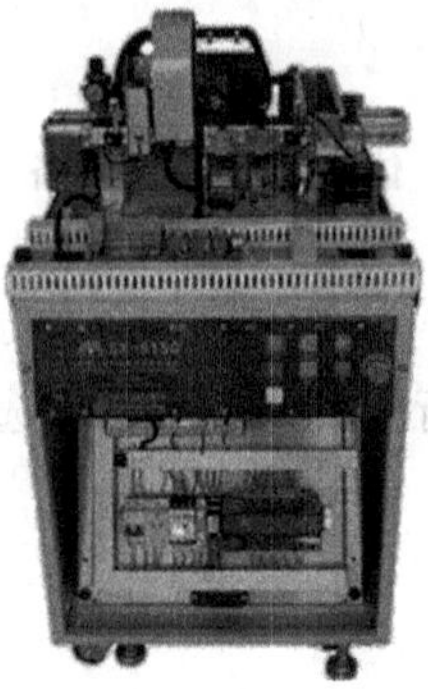	拧盖完成的瓶子经过此单元进行检测；回归反射传感器检测瓶盖是否拧紧；龙门机构检测瓶子内部颗粒是否符合要求；对拧盖与颗粒均合格的瓶子进行瓶盖颜色判别区分；拧盖或颗粒不合格的瓶子被分拣机构推送到废品输送带上(辅输送带)；拧盖与颗粒均合格的瓶子被输送到输送带末端，等待机器人搬运

表 1-1-1(续)

主体配置		
名称 规格型号	产品图片	功能描述
6 轴机器人单元 SX-815Q-64		两个升降台模块存储包装盒和包装盒盖;A 升降台将包装盒推向物料台;6 轴机器人将瓶子抓取并放入物料台上的包装盒内;包装盒 4 个工位放满瓶子后,6 轴机器人从 B 升降台上吸取盒盖并盖在包装盒上;6 轴机器人根据瓶盖的颜色对盒盖上标签位分别进行贴标,贴完 4 个标签等待成品入仓单元入库
成品入仓单元 SX-815Q-07	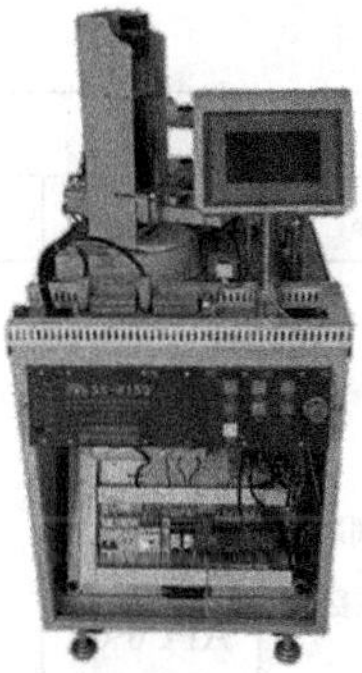	由一个弧形立体仓库和 2 轴伺服堆垛模块组成,堆垛模块把机器人单元物料台上的包装盒体吸取出来,然后按要求依次放入相应仓位。2×3 的仓库每个仓位均安装一个检测传感器,堆垛机构水平轴为一个精密装盘机构,垂直机构为涡轮丝杆升降机构,均由精密伺服电机进行高精度控制
触摸屏组件 SX-815Q-10		7 寸宽触摸屏被安装在成品入仓单元,与成品入仓单元控制器 PLC 连接通信,其他单元的监控信号由此单元的 PLC 通过 RS485 网络通信获得
电源盒组件 SX-815Q-09	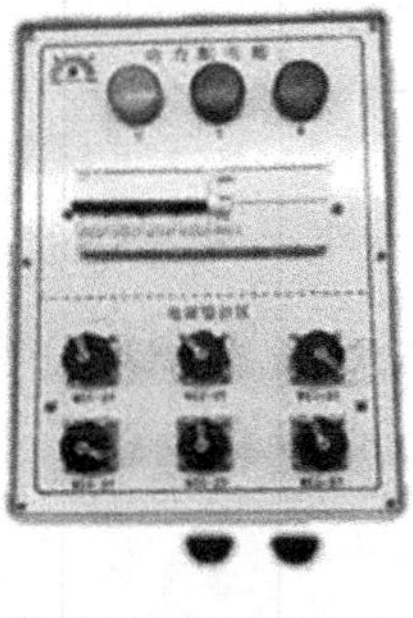	提供 6 个单元交流电源,且 6 路均为单相 3 线电源,同时还具有漏电保护、过流保护等用电安全保护功能

表 1-1-1(续)

主体配置		
名称 规格型号	产品图片	功能描述
装配桌 SX-815Q-33		由台身和台面两大部分组成。台身用方管焊接喷塑后组装而成;台面用高密度中纤板,表面贴压防火板,耐腐蚀、防静电。整个装配桌可随意拆装,方便运输安装
电脑桌 SX-815Q-21		组装简易,可摆放电脑,移动灵活,方便操作

其他配件					
名称	规格型号	产品图片	名称	规格型号	产品图片
空压机	TYW-1		气动二联件 手滑阀接头	AFR1500 HSV-06 APC6-01	
数据线	SC-09		6 轴机器人 通信线	3M 网线	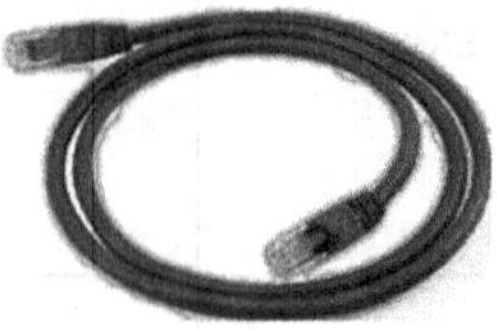
USB 数据线	一端方口 一端标准口		物料盒	方形	

表 1-1-1(续)

其他配件					
名称	规格型号	产品图片	名称	规格型号	产品图片
瓶盖	圆形	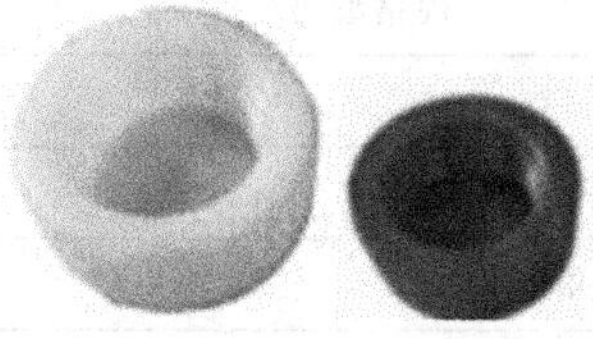	标签	圆形	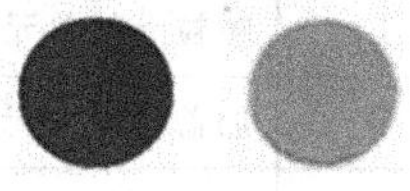
颗粒物料	圆形				

三、技术参数

SX-815Q 型机电一体化综合实训设备技术参数见表 1-1-2。

表 1-1-2　SX-815Q 型机电一体化综合实训设备技术参数

型号		SX-815Q
系统电源		三相五线制 AC380 V/单相三线制 AC220 V
设备质量		386 kg
额定电压		AC380 V ±5%/AC220 V ±5%
额定功率		1.9 kW/1.1 kW
环境湿度		≤90%
设备尺寸		420 cm×72 cm×150 cm(长×宽×高)
工作站尺寸		480 cm×300 cm×150 cm(长×宽×高)
安全保护功能		漏电保护、过流保护
PLC		H2U-1616MR/H2U-3624MR/H2U-2416MT/H2U-3232MT
伺服系统	驱动器	MR-JE-10A
	电机	HG-KN13J-S100
变频器		FR-D720S-0.4K-CHT
步进系统	驱动器	YKD2305M
	电机	YK42XQ47-02A
工业机器人	本体	6 轴机器人 IRB120
	控制器	IRC5

四、配置列表

SX-815Q 型机电一体化综合实训资源配置见表 1-1-3。

表 1-1-3 SX-815Q 型机电一体化综合实训资源配置列表

序号	资源名称	规格型号	单位	数量
1	颗粒上料单元	SX-815Q-47	套	1
2	加盖拧盖单元	SX-815Q-26	套	1
3	检测分拣单元	SX-815Q-27	套	1
4	6 轴机器人单元	SX-815Q-65	套	1
5	成品入仓单元	SX-815Q-07	套	1
6	电源盒模块	SX-815Q-09	套	1
7	电脑桌	SX-815Q-21	张	2
8	装配桌	SX-815Q-33	张	2
9	产品配件包	SX-815Q-Ⅶ	套	1
10	网络跳线	8P 3M 蓝色	条	1
11	USB 数据线	A 型公插头转 B 型公插头 3M 蓝色	条	1
12	工业级电源插座	3 位 10 A 带灯开关 1.5 m^2 2 m 线	个	2
13	PLC 编程线	SC-11 3M	条	3
14	PU 气管	US98A-060-040-B 蓝色	米	5
15	PU 气管	US98A-080-060-B 蓝色	米	2
16	内螺纹直通	ZPCF08-02	个	1
17	物料盒盖(加工后)	SX-815Q-28-06-002	个	6
18	标签片(蓝色)	SX-815Q-28-07-004	个	12
19	标签片(白色)	SX-815Q-28-07-004	个	12
20	颗粒圆瓶身	SX-815Q-48-001	个	24
21	蓝色瓶盖	SX-815Q-48-002	个	12
22	蓝色物料块	SX-815Q-48-003	个	10
23	白色瓶盖	SX-815Q-48-004	个	12
24	白色物料块	SX-815Q-48-005	个	50
25	物料盒底	SX-815Q-28-06-001	个	6
26	空气压缩机	TYW-1A 12 L	台	1
27	设备使用说明书	SX-815Q-H2U-ABB.SM	本	1
28	配套光盘(汇川/ABB 机器人)	SX-815Q-H2U-ABB.GP	张	1
29	学生凳组件	塑钢凳面(蓝)+铁质凳	套	4
30	RS485 通信线	2 芯屏蔽线	条	4
31	辅助耗材套件盒	SX-815Q	套	1

项目二 SX-815Q型机电一体化综合实训设备安装与调试

一、设备安装

1. 设备摆放

(1) 拆开包装箱后按顺序摆放好颗粒上料单元、加盖拧盖单元、检测分拣单元、机器人单元、成品入仓单元。

(2) 将5个单元排列整齐，调节如图1-2-1所示的单元调节脚环，将各单元调节到一样高并保持平衡。

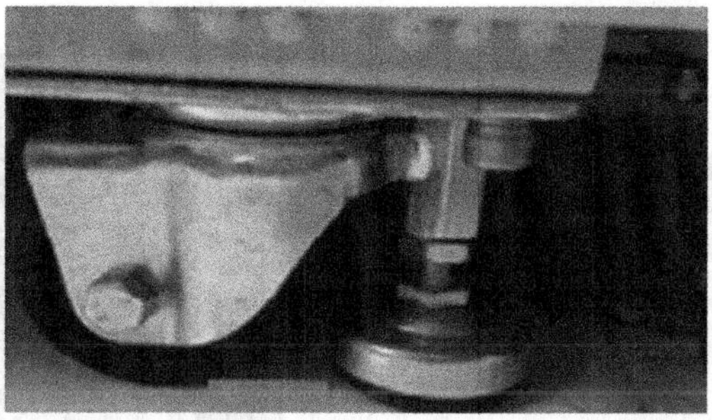

图1-2-1 单元调节脚环

(3) 调节平衡后，用固定螺钉将5个单元固定成一体，如图1-2-2所示。

图1-2-2 单元螺钉连接

2. 设备安装

(1) 机器人本体安装：将机器人本体从纸箱中拿出，搬运到机器人单元上，将机器人本体底座的4个固定孔对应机器人单元的4个固定孔，然后用内六角和活动扳手将其紧固，如

图 1-2-3 所示。如固定不够牢固，在机器人运行一段时间后，机器人本体可能会移动。

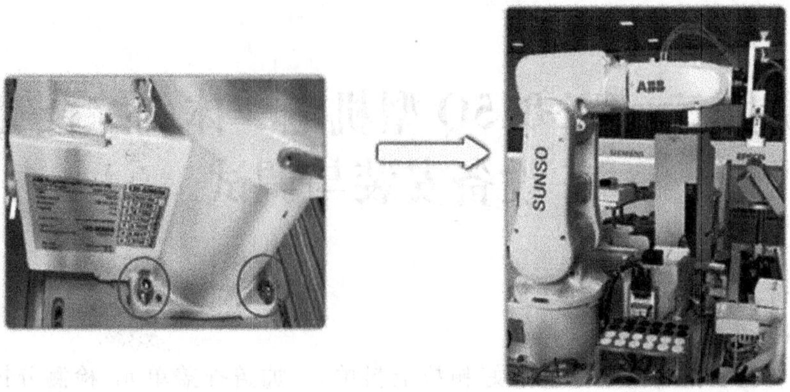

图 1-2-3　机器人安装

（2）机器人控制器安装：将机器人控制器从纸箱中拿出，放到机器人单元的后面，如图 1-2-4 所示。

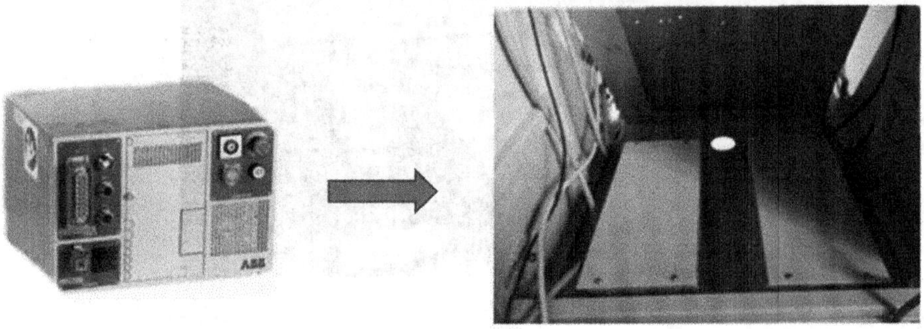

图 1-2-4　机器人控制器安装

（3）机器人控制器接线：

① 机器人控制器安装好后，将 220 V 电源接线口插入机器人控制器上的“XP0”接口并扣紧，如图 1-2-5 所示。

图 1-2-5　机器人电源线连接

② 找出纸箱中机器人动力线，将动力线的两头分别对接机器人本体底座第一个接口和机器人控制器上的“XS1”接口并扣紧，如图 1-2-6 所示。

图 1-2-6 机器人动力线连接

③ 找出机器人编码线，将编码线的两头分别对接机器人本体底座第二个接口和机器人控制器的“XS2”接口并拧紧，如图 1-2-7 所示。

图 1-2-7 机器人编码线连接

④ 找出纸箱中机器人示教器，将示教器的接头对接到机器人控制器的“XS4”接口并拧紧，如图 1-2-8 所示。

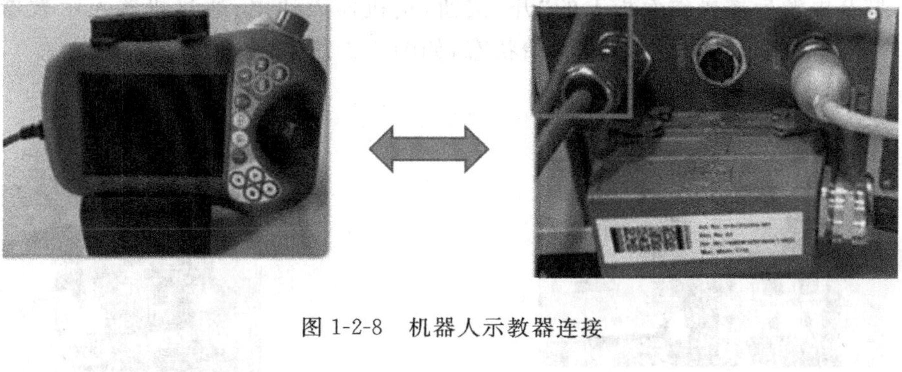

图 1-2-8 机器人示教器连接

⑤ 将设备桌面接线板上留出来的 I/O 电缆线接口接到控制器的 I/O 板上，如图 1-2-9 所示。

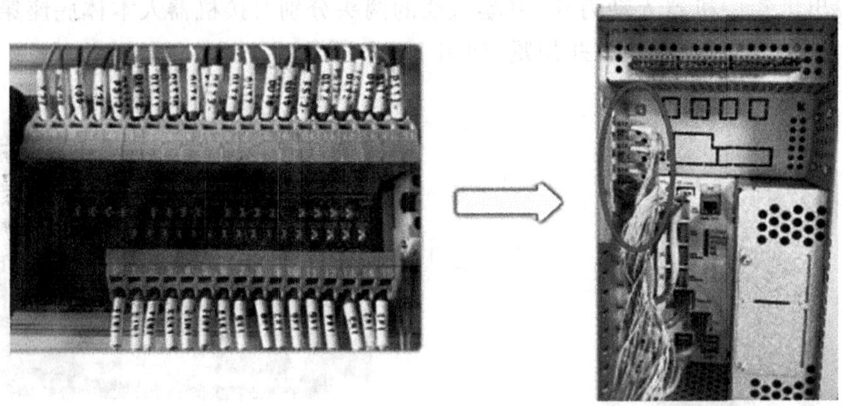

图 1-2-9　I/O 电缆线连接

(4) 设备电源接线：将设备电源盒悬挂在检测分拣单元的后备空间内，并将各单元电源线穿过过线孔再连接到电源箱上。注意连线前设备前端电源处于关闭状态，以防触电。所有电源线连接好后打开电源，如图 1-2-10 所示。

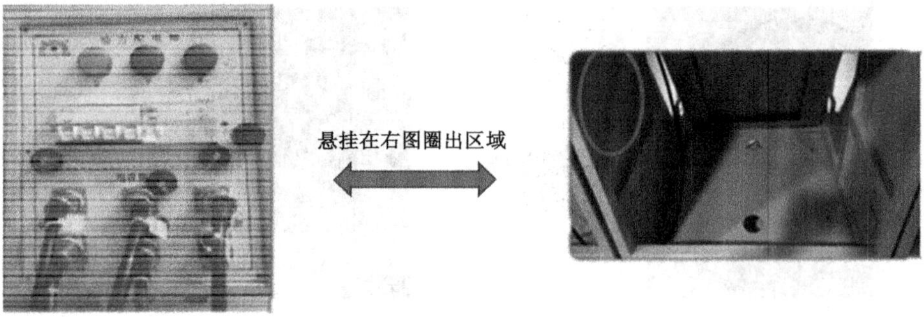

图 1-2-10　电源接线

(5) 机器人夹具安装：

① 设备通上电后接通机器人单元断路器开关，如图 1-2-11 所示。

② 打开电源后按操作面板上的“开”按钮，给机器人通电，通过机器人示教器控制机器人关节移动，将机器人本体复位到原始状态，如图 1-2-12 所示。

图 1-2-11　接通断路器开关

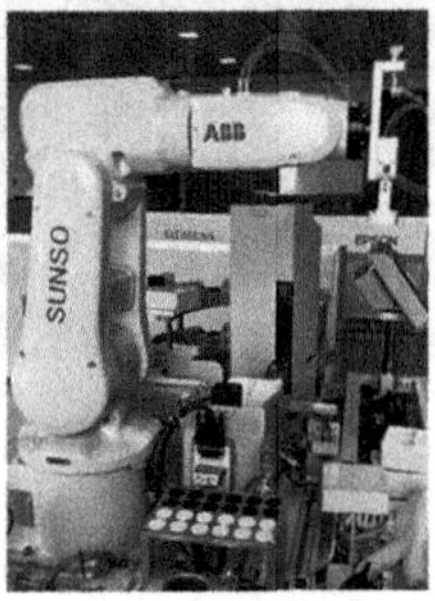

图 1-2-12　机器人复位

③ 找到机器人夹具(图 1-2-13),将夹具的校准孔对准机器人本体法兰盘的校准孔,再用螺丝将边上两个固定孔紧固,如图 1-2-14 所示。

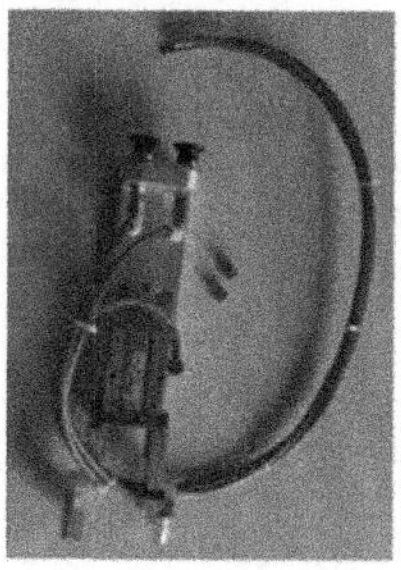

图 1-2-13 机器人夹具

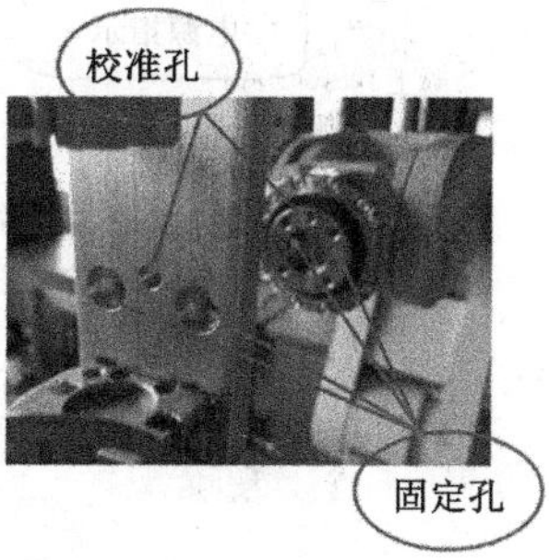

图 1-2-14 机器人夹具安装

(6) 设备气管安装:

① 将各单元气管与设备上的三通相连接,如图 1-2-15 所示。

② 将机器人夹具上手爪气缸气管连接于机器人本体上方“AIR OUT”的第 1、2 接口处,将 A、B 吸盘的两路气管连接于“AIR OUT”的第 3、4 接口处,如图 1-2-16 所示。

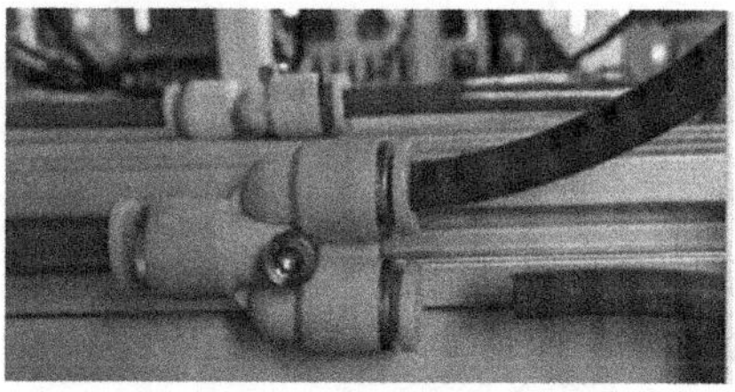

图 1-2-15 气管与三通连接

图 1-2-16 机器人夹具吸盘气管连接

③ 将机器人单元手爪气缸电磁阀气管连接于机器人本体“AIR IN”第 1、2 接口,将 A、B 吸盘电磁阀两根气管接于机器人本体“AIR IN”的第 3、4 接口,如图 1-2-17 所示。至此设备全部安装完成。

图 1-2-17 机器人气管连接

二、设备调试

以电源控制箱使用、调试为例进行说明。

(1) 功能描述

电源控制箱主要用于给设备各单元提供电源及必要的保护、指示功能。30 mA 的漏电保护模块，可以提高设备用电的安全性，如图 1-2-18 所示。

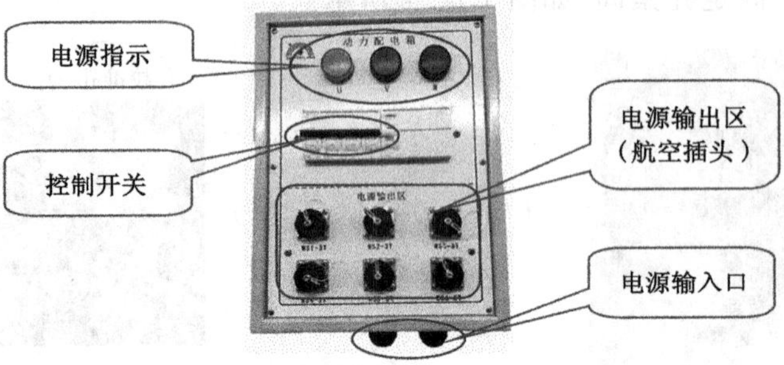

图 1-2-18　电源控制箱

(2) 技术参数

工作电源：三相五线 AC380 V/50 Hz(SX-815Q-09)；

单相三线 AC220 V/50 Hz(SX-815Q-09B)。

额定电流：5 A。

漏电保护电流：30 mA。

环境温度：0 ℃≤T≤50 ℃。

环境湿度：≤80%。

外形尺寸：226 mm×296 mm×125 mm。

(3) 电源盒使用

接线时必须先断开电源进线，且确认无电的情况下才允许下边的操作。

① 在确保线路无误后引进电源，如图 1-2-19 所示。

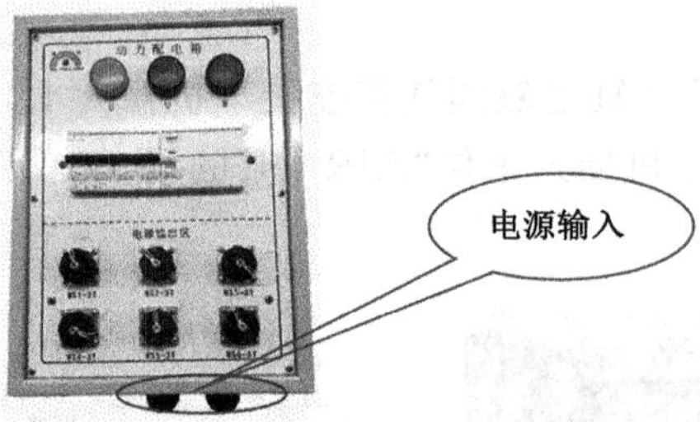

图 1-2-19　电源引进

② 从电源输出区引出电源线到用电设备，如图 1-2-20 所示。

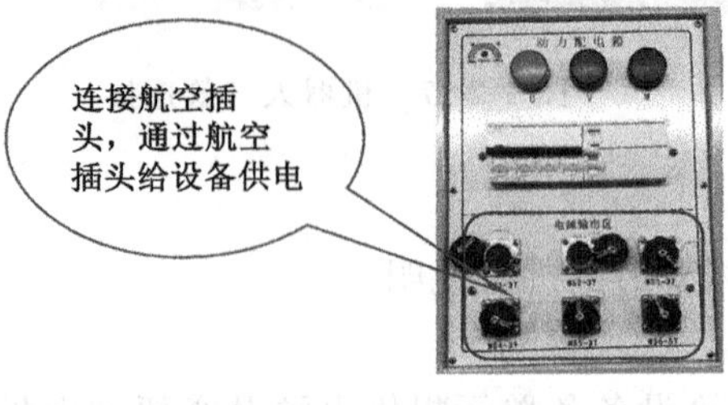

图 1-2-20　电源引出

③ 开启电源开关，电源盒停止灯亮，如图 1-2-21 所示。

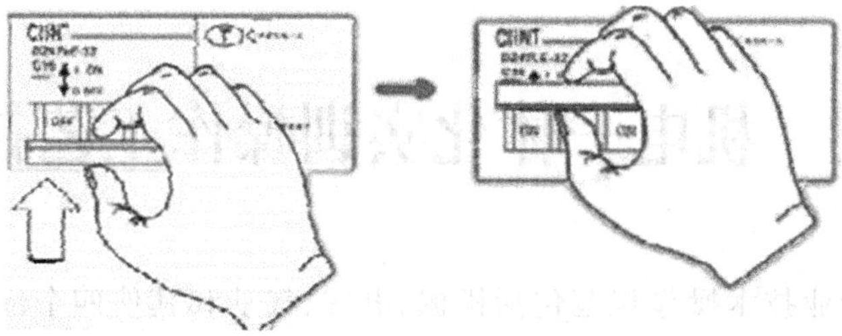

图 1-2-21 开启电源开关

④ 点击“启动”按钮，用电设备通电。

(4) 设备维护注意事项

① 安全用电，长时间不用设备时请关掉电源。

② 电源箱放置在干燥处。

③ 电源控制箱出现故障，排除故障后，再次按照使用步骤开启电源。如还是无法使用，请联系售后服务部门。

(5) 故障排查

电源控制箱故障排查见表 1-2-1。

表 1-2-1 电源控制箱故障排查

代码	故障现象	故障原因	解决方法
Er901	电源指示灯不亮	电源线未接好	重新连接电源线
Er902	输入交流电电源正常，电源指示灯亮，但无法启动	接触器损坏	更换元件
		电线有漏电现象	检测线路并处理
Er903	电源保护箱正常，电压输出区无输出	电源连接线松动	按照接线图检查电源箱连接线并紧固

项目三 机电一体化实训操作工艺技术规范

机电一体化专业技术操作规范包括机械、电气、气动和其他四个部分。

一、电气、气动部分

电气、气动操作技术规范见表 1-3-1。

表 1-3-1 电气、气动操作技术规范

编号	规范要求	正确	错误
1-1	电缆、气管和光纤应分开绑扎(出现 M-20 项的情况时可以除外)		
1-2	当电缆、光纤电缆和气管都来自同一个移动模块时,可以允许它们绑扎在一起		
1-3	绑扎带切割留余太长时有危险,切割留余长度应以不割手为标准		
1-4	相邻两个绑扎带之间的距离不超过 40～50 mm		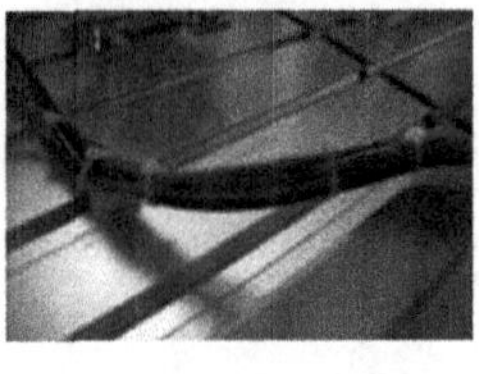

表 1-3-1(续)

编号	规范要求	正确	错误
1-5	相邻两个线夹子之间的距离不超过 100～120 mm		
1-6	电缆、电线固定在线夹子上	单根电线用绑扎带固定在线夹子上 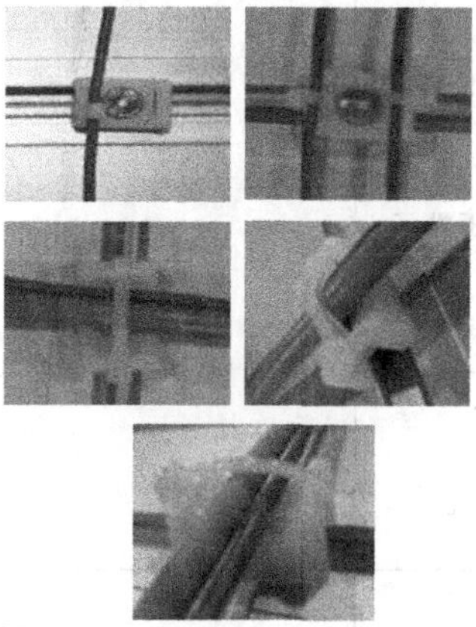	单根电线没有紧固在线夹子上 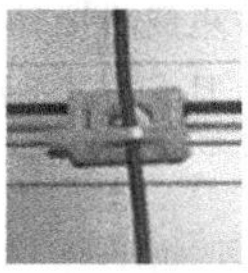
1-7	第一根绑扎带离气管连接处(60±5) mm;且气管从接头出来时,必须有 10 mm 以上长度与接头保持平行		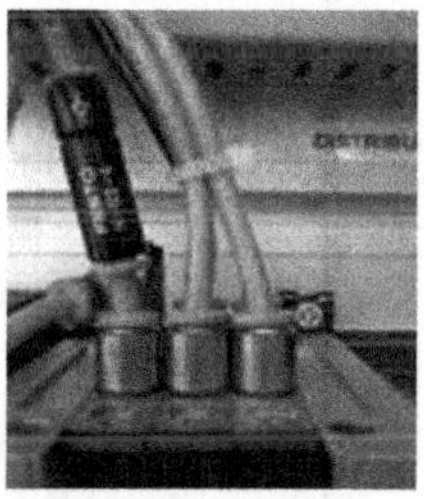
1-8	电缆线金属材料不能看到插入端子板的线针,一定要压紧,统一插入端子口的左边,号码管字体统一朝上,字母顺序朝一个方向	 	 

表 1-3-1(续)

编号	规范要求	正确	错误
1-9	冷压端子的金属部分长度不能太长	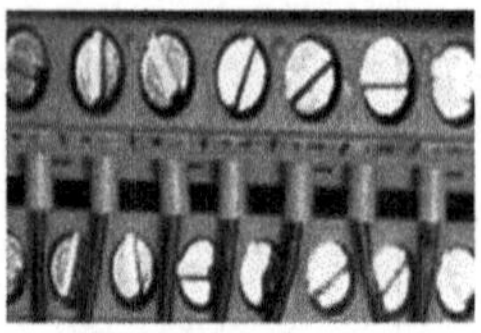	
1-10	电缆连接时必须使用冷压端子,且是合适的冷压端子		 
1-11	电缆在走线槽里最少保留 10 cm;如果是一根短接线的话,在同一个走线槽里不做要求	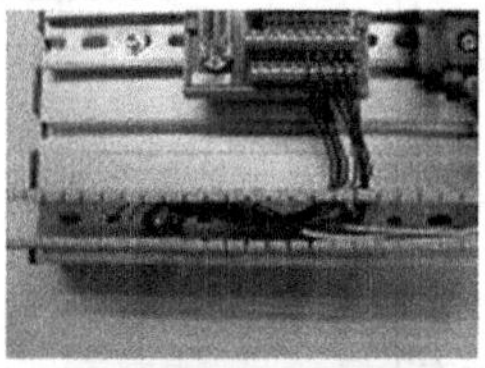 	
1-12	电缆绝缘部分应在走线槽里		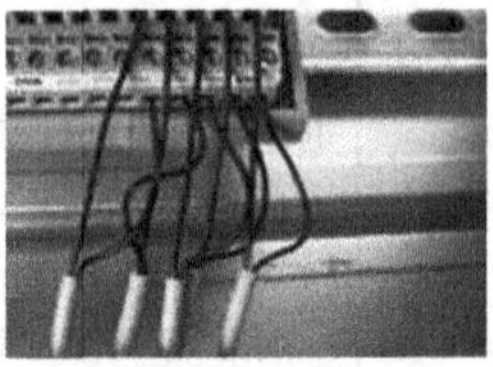 绝缘没有完全剥离

表 1-3-1(续)

编号	规范要求	正确	错误
1-13	走线槽应盖住,没有翘起和未完全盖住现象		
1-14	没有多余的走线孔		
1-15	不要损伤绝缘部分	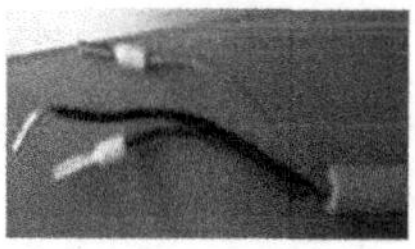	
1-16	电缆切割,没有电缆露在走线槽外		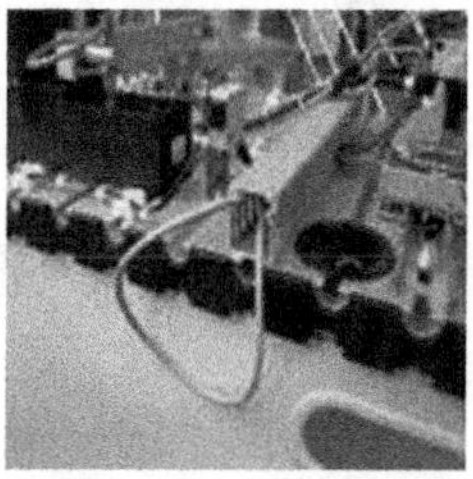

表 1-3-1(续)

编号	规范要求	正确	错误
1-17	不允许单根导线穿过导轨或锋利的边角		
1-18	电线和线管进入线槽时要垂直进入，不能斜拉或扭曲		
1-19	在粗线与细线同时存在时，细线在里、粗线在外，排列要整齐，不能有交叉		
1-20	气管不能打结，绑扎不能太紧		
1-21	走线槽里不走气管		
1-22	所有的气动连接处没有泄漏		

二、机械部分

机械操作技术规范见表 1-3-2。

表 1-3-2 机械操作技术规范

编号	规范要求	正确	错误
2-1	固定同一个物体所用的螺丝、弹片、垫片要统一	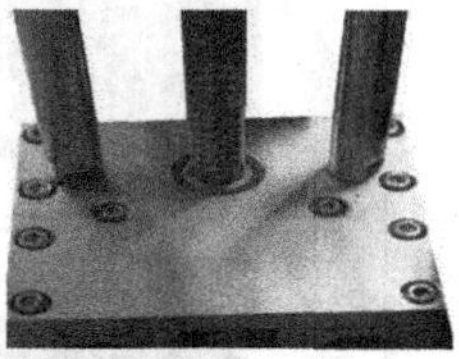	
2-2	不能乱打、多打、漏打孔位		
2-3	上固定螺丝时一定要加垫片、弹片		
2-4	工作单元齐平(最大不齐平距离小于 5 mm)		
2-5	用一个连接件把两个工作单元连接起来		
2-6	单元之间的距离最大为 5 mm		

表 1-3-2(续)

编号	规范要求	正确	错误
2-7	型材剖面要安装端盖		
2-8	所有的东西都要被固定,包括光纤	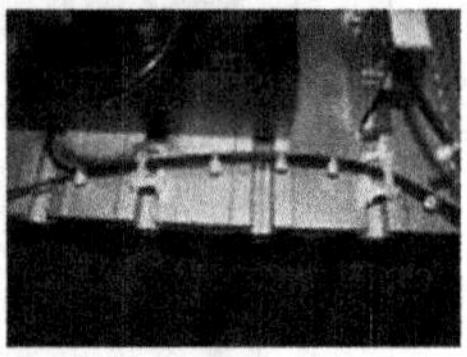	
2-9	允许把光纤和电缆一起放在型材板上		
2-10	螺钉头没有损坏,且没有工具的残渣留在螺钉头上		

三、其他部分

其他操作技术规范见表 1-3-3。

表 1-3-3 其他操作技术规范

编号	规范要求	正确	错误
3-1	线槽 45°转角相接时要紧密相连,不能有间隙		
3-2	线槽内不准有杂线、碎片		

表 1-3-3(续)

编号	规范要求	正确	错误
3-3	线槽盖必须要盖好,要保证全部在盖子的下面,线槽不能有残缺		
3-4	所有不用的部件整齐地放在工作台上	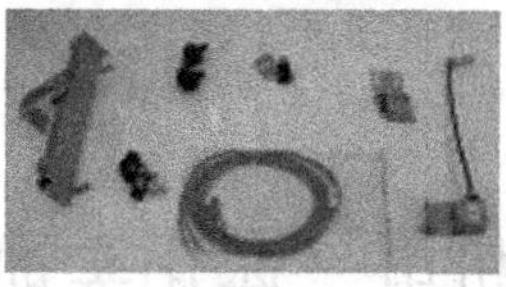	
3-5	工作区域地面上没有垃圾		
3-6	所有的执行元器件和工件,运动时保证无碰撞		
3-7	设备上没有工具		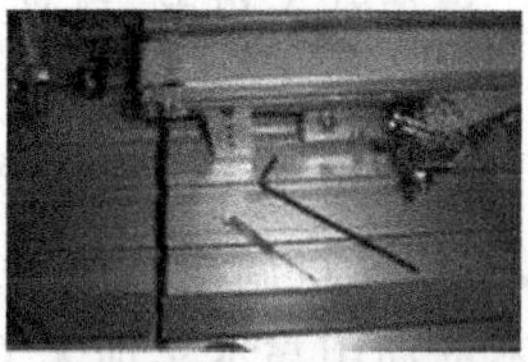
3-8	设备上没有配线和管状材料		
3-9	所有的元件、模块都被固定,没有螺丝钉松动的现象		
3-10	没有部件或模块打碎、损坏或丢失(包括电缆、配线等)		

项目四　机电一体化实训室管理制度

任务一　机电一体化实训室管理制度

第一条　实训前必须做好预习，明确实训的目的、内容和基本要求，掌握实训的原理、方法、步骤，了解有关设备的性能配置，熟悉其操作规程及安全注意事项。

第二条　进入实训室必须遵守实训室的一切规章制度，保持室内清洁、安静，不准吸烟、随地吐痰、乱扔纸屑及其他杂物。衣冠不整者不得进入实训室，不准把与实训课无关的东西带进实训室。

第三条　实训中听从指导教师的指导，在指定地点进行实训，不得进入与实训无关的场所。提倡独立思考、科学操作、细致观察、如实记录，自觉培养严谨、求是的科学作风和生动活泼、勇于探索创新的学风。

第四条　实训前应核对自己所用的仪器、元件、工具等并进行熟悉。爱护实训仪器设备，不得私自调换。如发现有故障，应立即报告指导教师及时处理，不得自行拆卸。未经许可不准动用与本实训无关的仪器设备。

第五条　实训线路及仪器设备连接组装后，要经实训指导教师检查，确认无误后方可进行通电实验。要严格按照操作规程进行实训，防止事故发生。对违反操作规程者，指导教师有权暂停或取消其进行该项实训。

第六条　及时整理实训记录，不得任意修改实训数据，认真分析问题，按要求写出实训报告。不得抄袭，如发现将严肃处理。

实训完毕，应做好仪器设备的复位工作以及关闭相关的电源、电闸。清洁实训台面和仪器设备，清扫室内卫生。得到指导教师允许后方可离开实训室。不得私自带走实训室的任何物品。

任务二　机电一体化实训设备安全操作规程

1. 未经培训的学生不能操作设备。
2. 学生实训时必须穿戴好劳动防护用品，女生必须把长发盘到工作帽内。
3. 启动设备前要检查电源、气源是否正常，周围是否有无关人员。
4. 设备启动前，压缩空气必须达到设定压力。
5. 设备启动时，必须监护设备启动运转情况。
6. 设备自动运行时，禁止进行手动操作和调整。

7. 设备调试运行时，禁止将小物件放置在输送带上，严禁手动触摸台面的接线端子。

8. 调试过程中，要将机器人的速度调到低速，以免程序错误造成机器人运行碰撞到人或设备其他部分。

9. 机器人运行时请勿靠近，禁止手动搬动机器人本体。

10. 进行调整设备、更换部件等工作时，严禁启动设备，必须停机处理。

11. 严禁身体任何部位接触转动、活动的设备部件，防止受伤。

12. 设备运行时必须确保一人现场监护设备，严禁无关人员在设备旁边逗留。

13. 设备启动后，如发现有异常情况要立即停止，进行检查，确保完好后才可使用。

14. 两人同时工作时，要特别注意配合协调，以免造成伤害。

任务三　安全注意事项

在安装、运行、保养、检查实训设备之前，请务必熟读使用说明书以及其他相关设备的所有附带资料。请在熟悉了有关设备的知识、安全信息以及注意事项后正确使用。

在使用说明书中，关于安全注意事项的等级区分如下：

严禁：错误使用时，会引起危险，有可能导致人员中度伤害或重伤，甚至死亡。

危险：错误使用时，会引起危险，有可能导致人员轻伤或重大设备损坏。

注意：错误使用时，会引起故障，有可能导致元件损坏或设备不能正常使用。

一、安装接线方面的安全注意事项

注意：由于设备调试过程中经常需要断电操作，此电脑电源必须独立于设备电源。

注意：设备里使用了较多的工控元件，部分器件通电运行中可能存在一定的漏电现象，设备安装时必须有效安全接地，设备现场教室或实训室接地必须符合国家相关标准。

危险：设备安装对位完成后，必须紧固桌体连接件螺丝，防止各工位之间偏位。

二、使用方面的安全注意事项

危险：设备调试运行时，禁止将小物件放置在输送带上，严禁手动触摸台面的接线端子。

严禁：调试程序时，将机器人运行速度调到低速，以免程序错误造成机器人运行碰撞到人或设备其他部分。

危险：机器人运行时请勿靠近，禁止用外力搬动机器人本体。

模块二　综合技能篇

模块导读

本模块主要介绍了SX-815Q型机电一体化综合实训设备的实训项目，包括：颗粒上料单元的安装与调试、加盖拧盖单元的安装与调试、检测分拣单元的安装与调试、6轴机器人单元的安装与调试、成品入仓单元的安装与调试以及机电一体化系统的编程与调试。从机械装拆、电路与气路的连接与调试、单元PLC控制、机器人编程与操作、触摸屏组态监控到联机联调系统通信控制等方面做了详细的介绍，使学生能从多方面掌握机电一体化的技术和技能。

项目一　颗粒上料单元的安装与调试实训

在许多机电一体化生产设备中，通常第一个工序是上料，本项目依托的是 SX-815Q 型机电一体化综合实训考核装置，在学习颗粒上料单元各个部件结构和原理的基础上，对颗粒上料单元的机械部件进行组装，对电路和气路进行连接，编写程序并进行调试，从而实现颗粒上料单元的工作流程。

SX-815Q 型机电一体化综合实训考核装置中的颗粒上料单元如图 2-1-1 所示。

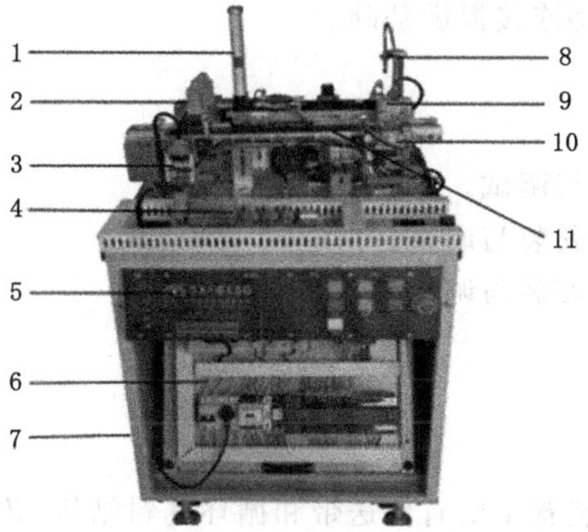

1—物料桶；2—2 号输送带机构；3—组件 15 针端子板；4—组件 37 针端子板；5—按钮控制面板；6—控制挂板；7—模型桌体；8—填装机构；9—循环选料机构；10—定位气缸；11—1 号输送带机构。

图 2-1-1　颗粒上料单元整体图

具体工作流程是：操作人员将空物料瓶放到上料输送带（1 号输送带）上，上料输送带逐个将空瓶输送到主输送带（2 号输送带）；同时循环选料装置将料筒内的物料推出，根据颜色对颗粒物料进行分拣（颜色可自定）；当空瓶到达填装位后，顶瓶装置（气缸）将空瓶固定，主输送带停止；物料填充装置将分拣到位的颗粒物料放置到空瓶内；瓶内物料到达设定的颗粒数量后，顶瓶装置松开，主输送带启动，将瓶子输送到下一个工位。

此单元可以通过设定物料颜色（2 种）、颗粒数量（最多 4 粒）进行不同的组合，最多可产生 8 种填装方式。

任务一　颗粒上料单元机械构件的安装与调试

任务目标

(1) 理解带传动的安装及张紧方法。

(2) 理解深沟球轴承的结构及拆装方法。

(3) 理解气缸的安装及调试方法。

(4) 具备组装颗粒上料单元机械构件的能力。

任务描述

颗粒上料单元主要任务是为物料瓶填装物料,在了解相关理论知识的基础上,自行安装传送装置、循环选料装置和物料填充装置,进而将其组装到一起组成颗粒上料单元的机械部分,为后续电路连接和气路连接提供基础。

任务要求

(1) 传送装置的安装与调试。

(2) 循环选料装置的安装与调试。

(3) 颗粒填充装置的安装与调试。

任务实施

一、传送装置的安装

在上料单元中,传送装置主要有传送带和循环选料结构,传送带主要负责输送物料瓶,循环选料机构负责甄选符合生产要求的物料并将其传送到指定位置,传送装置的紧固零件多采用的是内六角螺栓,因此在组装传送装置时应准备内六角扳手。下面我们介绍传送装置的组装步骤及相关要求,在介绍传送带时,以上料单元中的上料输送带为例,主输送带可参照上料输送带组装步骤组装。

1. 传送带结构和各部分零件

传送带主要由直流电机、传送带、带轮和各个配件等组成(图 2-1-2 和图 2-1-3)。工作时,直流电机提供动力,带动主动轮转动,从而拖动传送带转动去输送物料瓶。在安装时要求正确选择工具,安装步骤正确,不返工,安装牢靠紧密,符合国家规定的安装操作规定。具体安装步骤见表 2-1-1。

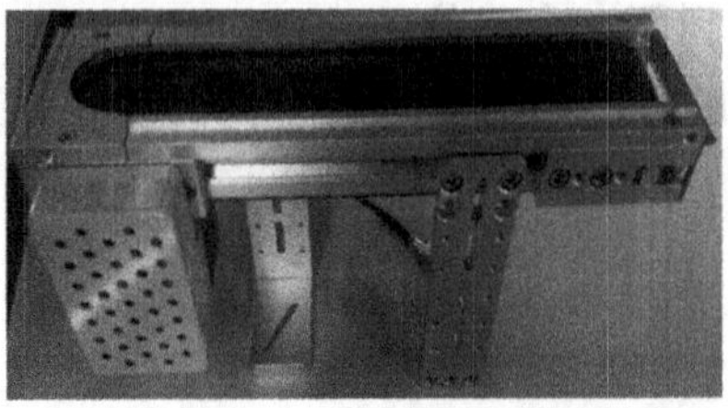

图 2-1-2　传送带结构

图 2-1-3　传送带各部分零件

表 2-1-1 传送带安装步骤

步骤及说明	图例	
1. 安装支架 支架是安装传送带的机械基础，要安装紧固	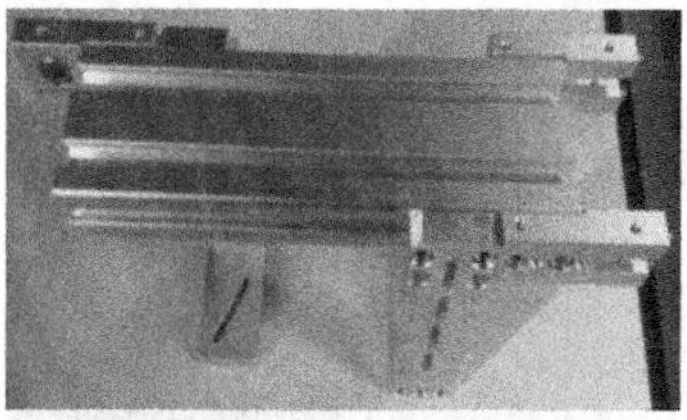	
2. 安装传送带 ① 安装从动轮； ② 安装主动轮，主动轮的一段预留与电机连接； ③ 将传送带套到从动轮和主动轮上		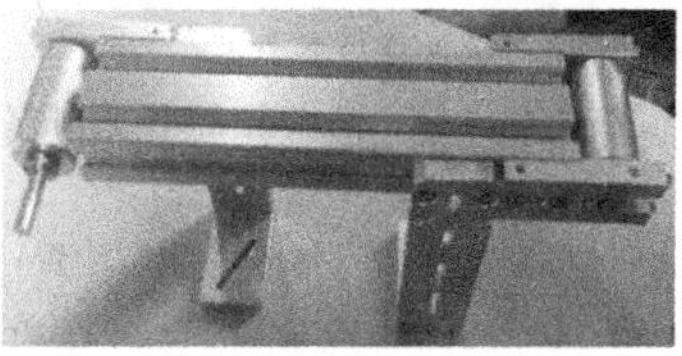

3. 安装挡块和配件 ① 安装电机底座； ② 拧紧从动轮端的螺丝，绷紧传送带； ③ 安装连接配件； ④ 安装挡块 1； ⑤ 安装长挡块； ⑥ 安装挡块 2	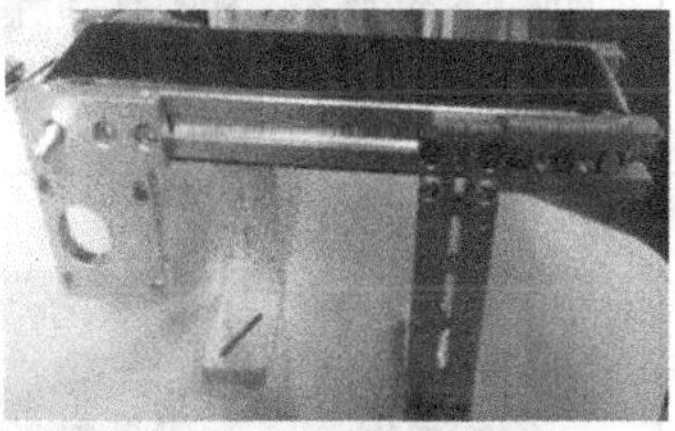	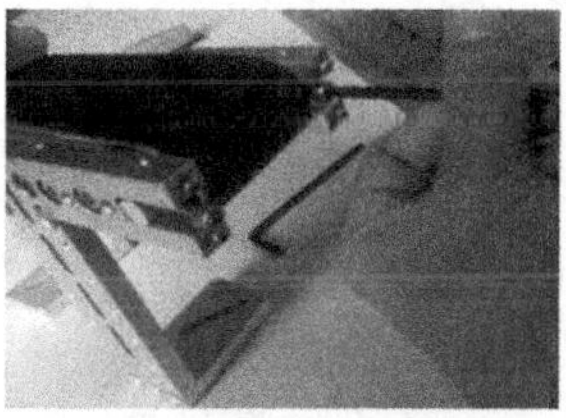
		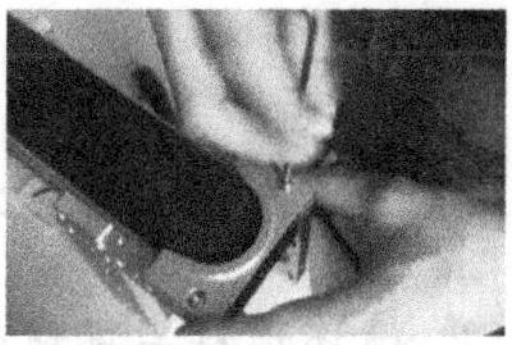
	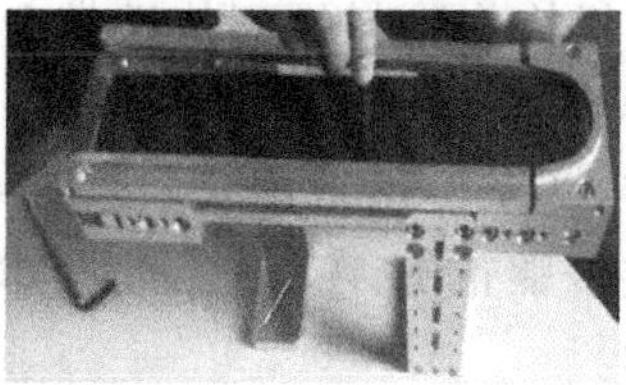	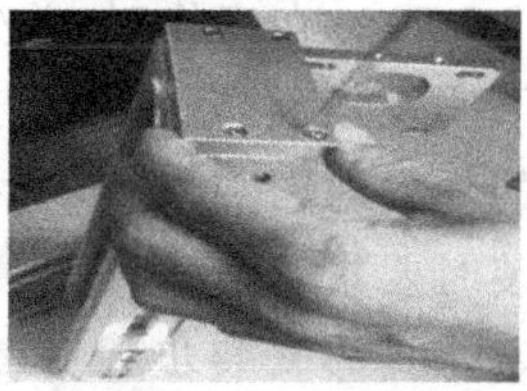

表 2-1-1(续)

步骤及说明	图例	
4. 安装直流电机 ① 在电机上穿好螺丝； ② 将电机安装到底座上，安装时螺丝暂不拧紧； ③ 将定位销插入带轮中相应位置； ④ 将带轮安装到主动轮的轴上，拧紧螺丝； ⑤ 将输送带套在两个带轮上； ⑥ 将电机的紧固螺丝拧紧	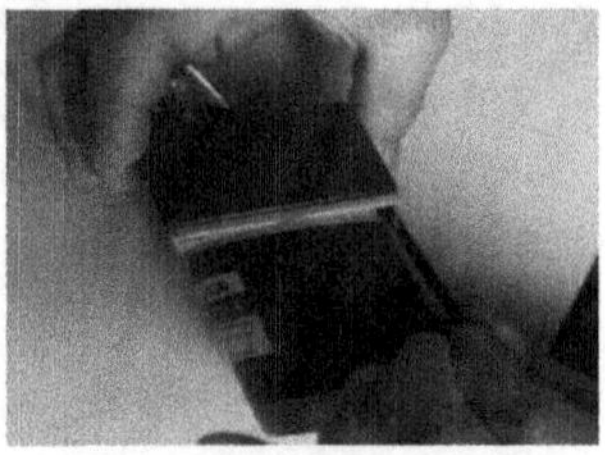	
	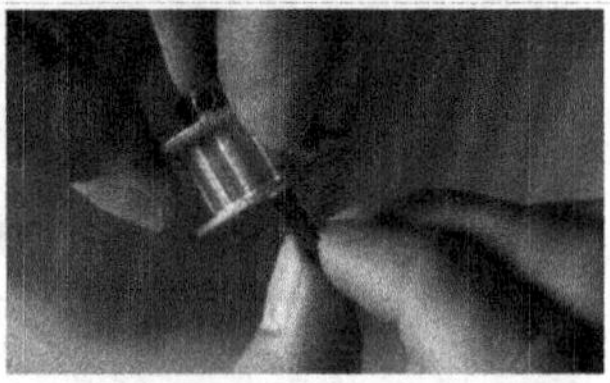	
		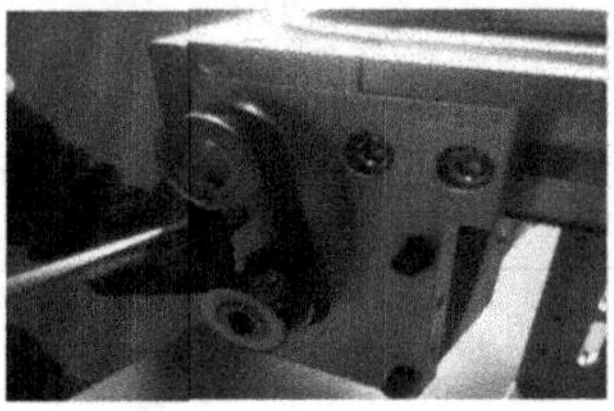
5. 安装防护罩	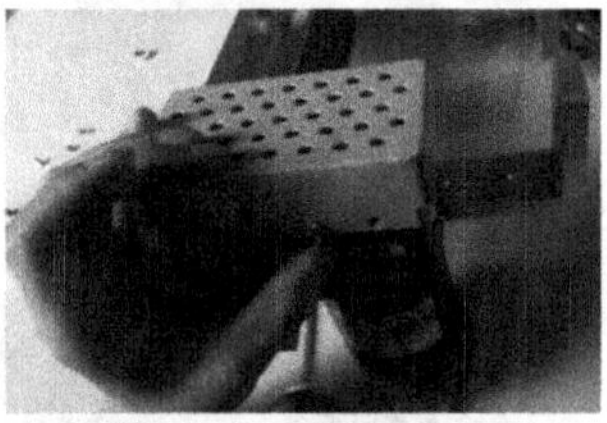	

2. 循环选料装置结构和各部分零件

循环选料装置主要由三相异步电机、轴承、两条传送带和各个配件等组成(图 2-1-4 和图 2-1-5)。在工作时，首先推料机构将物料推到传送带上，同时三相异步电机在变频器的控制下实现正反转运行，当三相异步电机正转时，两条传送带配合按顺时针转动，当检测到合格的物料时，三相异步电机反转，两条传送带配合按逆时针转动，将合格物料输送到位。在安装时要求正确选择工具，安装步骤正确，不返工，安装牢靠紧密，符合国家规定的安装操作规定。具体安装步骤见表 2-1-2。

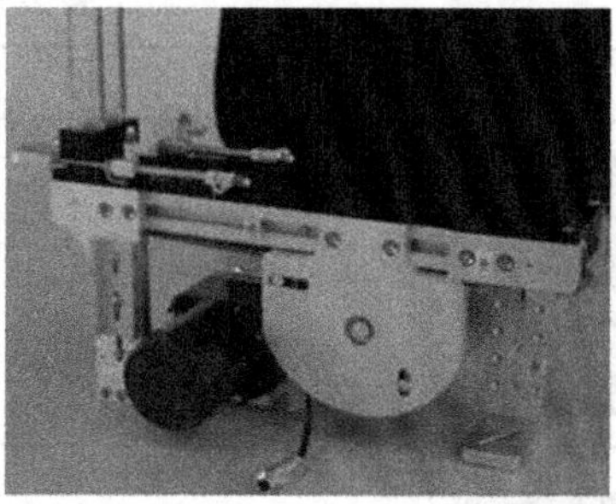

图 2-1-4　循环选料装置整体结构

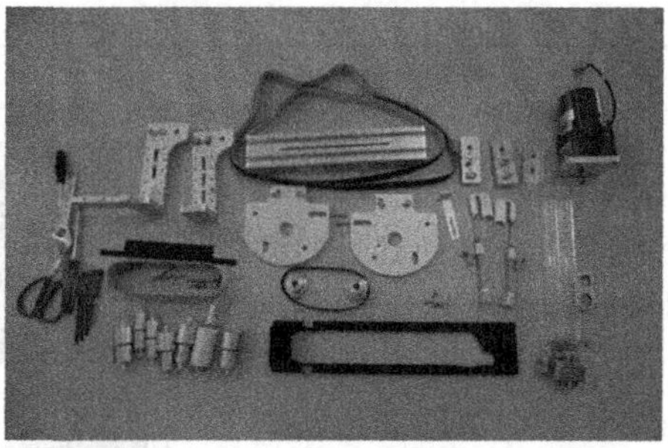

图 2-1-5　循环选料装置各部分零件

表 2-1-2　循环选料装置安装步骤

步骤及说明	图例	
1. 在横梁上安装立板 ① 在横梁一端安装立板，要安装牢固； ② 在横梁另一端安装立板		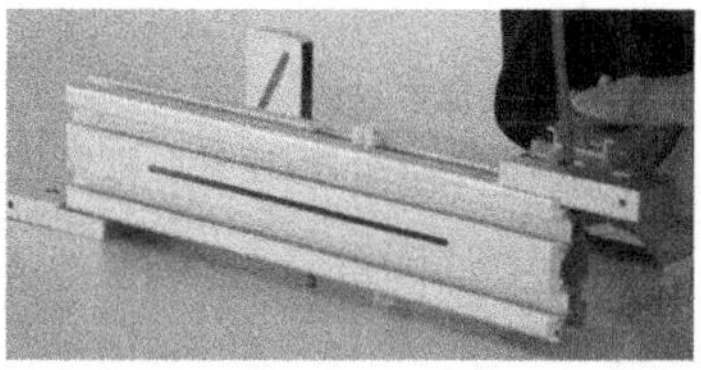
2. 安装传送带 将两条传送带并排套到横梁上	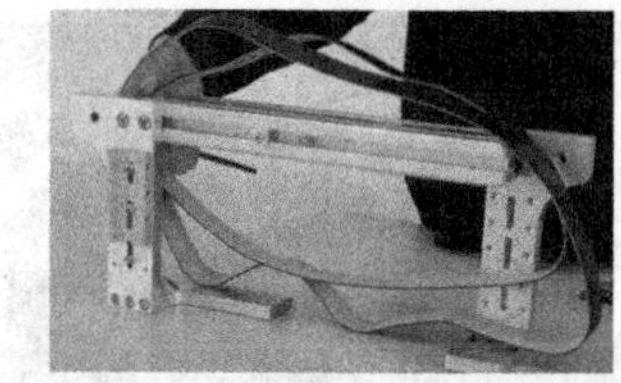	
3. 安装从动轮 ① 在横梁一端安装从动轮； ② 在横梁另一端安装从动轮	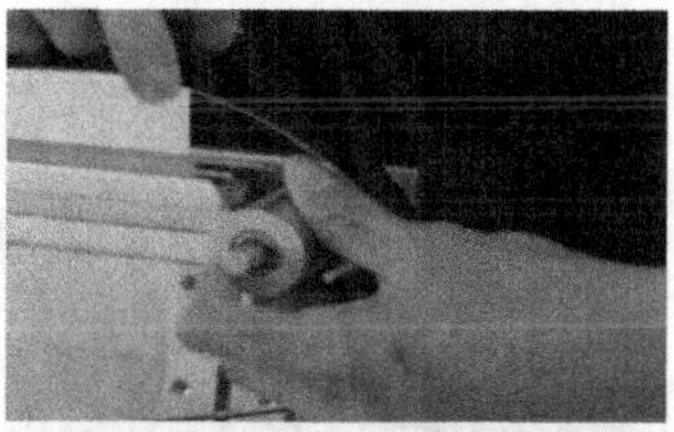	
4. 固定从动轮组 利用固定件将从动轮固定牢固	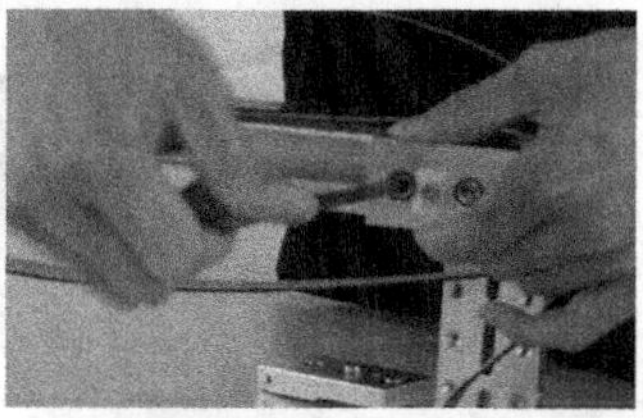	
5. 安装辊筒固定板 1 在横梁一侧安装辊筒固定板	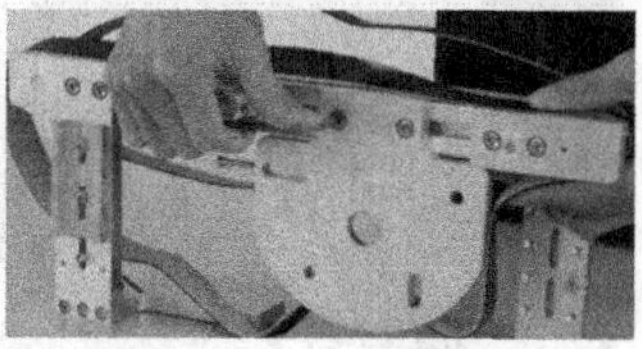	

表 2-1-2(续)

步骤及说明	图例	
6. 安装主动轮等 安装主动轮(中间)和四个从动轮(周围),将传送带按图示方式绕行其中		
7. 安装辊筒固定板 2 安装另一侧辊筒固定板,固定好带轮		
8. 安装交流电机 安装交流电机组件,注意电机安装方向		
9. 安装同步轮和传送带 ① 安装同步轮,并将同步传送带套到同步轮上; ② 调整电机位置,绷紧同步传送带		
10. 安装轮罩 利用轮罩罩住传送带		
11. 安装导向板 将导向板安装到横梁上		
12. 安装中导板 ① 将中导板插到导向板中间的槽内; ② 在侧方通过螺丝紧固		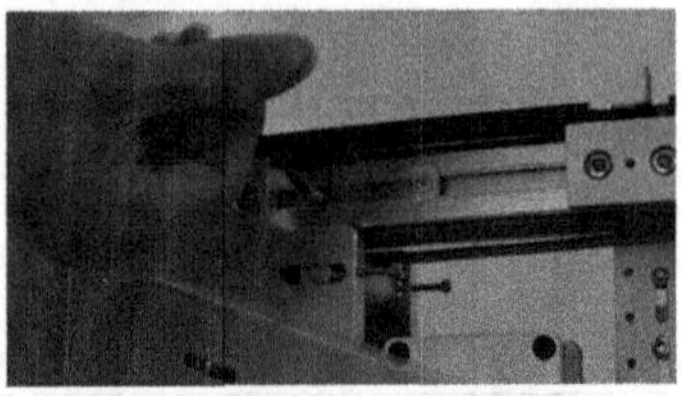

表 2-1-2(续)

步骤及说明	图例	
13. 安装推料气缸 将两个推料气缸对称安装在横梁料筒端		
14. 安装料筒 将两个料筒分别拧到安装处	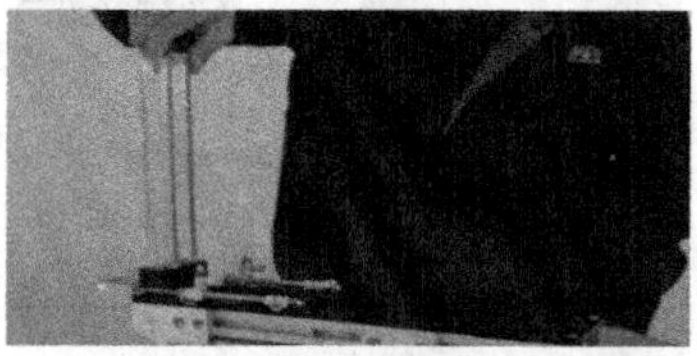	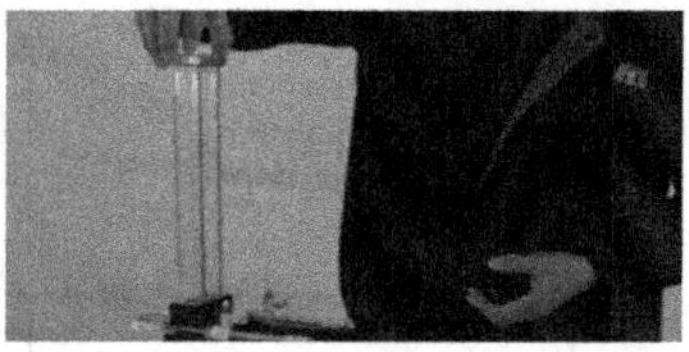
15. 安装光纤传感器支架 将光纤传感器支架安装于选料装置物料到位的一端		

二、物料填充装置的安装

物料填充装置主要由一个摆动气缸、一个双作用单出双杆气缸(以下简称双杆气缸)、吸盘和各个配件等组成(图 2-1-6 和图 2-1-7)。在工作时，当合格物料和空物料瓶都到位后，摆动气缸将吸盘转到物料上方，双杆气缸缩回使吸盘落到物料上，然后吸盘吸起物料，双杆气缸伸出，摆动气缸将物料运送到空瓶上方，双杆气缸缩回，吸盘吐气，将物料放到物料瓶中。在安装时要求正确选择工具，安装步骤正确，不返工，安装牢靠紧密，符合国家规定的安装操作规定。具体安装步骤见表 2-1-3。

图 2-1-6　物料填充装置整体结构

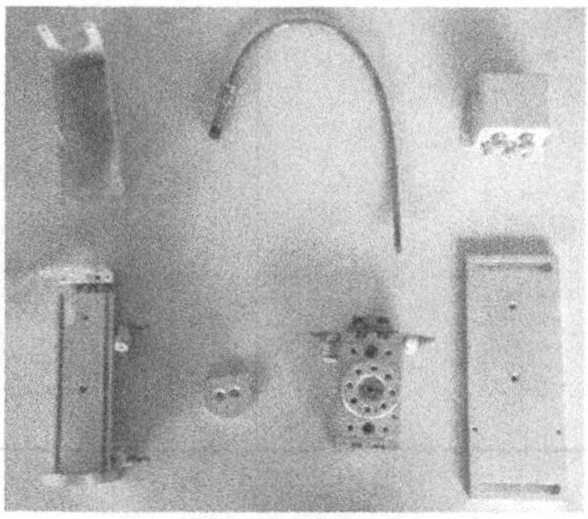

图 2-1-7　物料填充装置各部分零件

表 2-1-3　物料填充装置安装步骤

步骤及说明	图例	
1. 安装摆动气缸 将摆动气缸牢固安装到底座上		
2. 安装升降气缸 ① 将升降气缸安装到摆动气缸上(注意安装方向)； ② 将固定盖板安装到升降气缸上	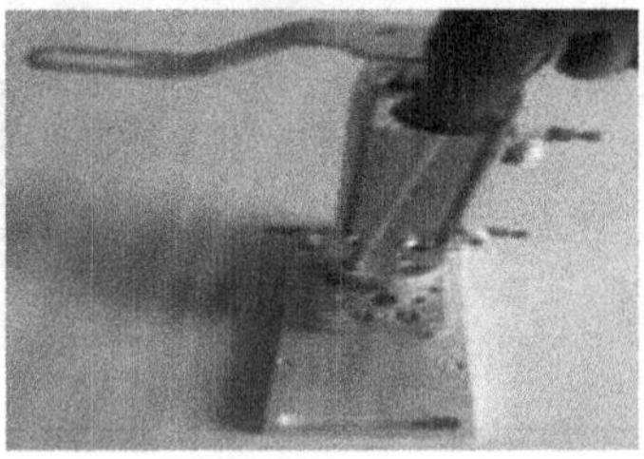	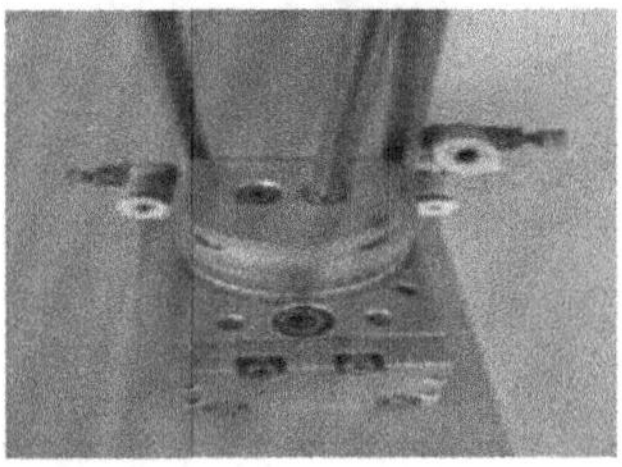
3. 安装吸盘 将吸盘装到升降气缸上		
4. 安装气管接口 ① 将气管一端接到电磁阀上； ② 将气管另一端接到相关气缸上(注意气管两端对应关系)	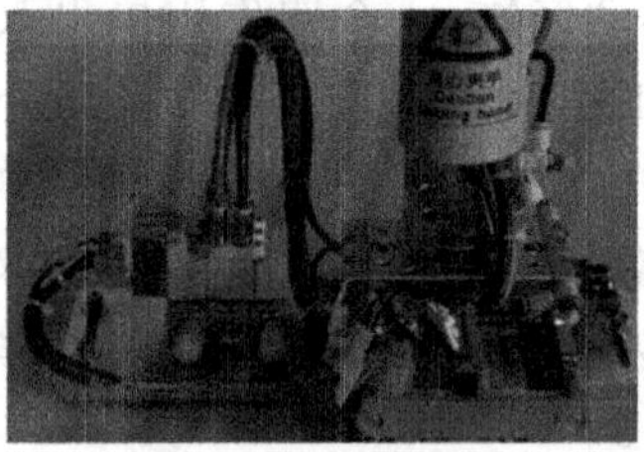	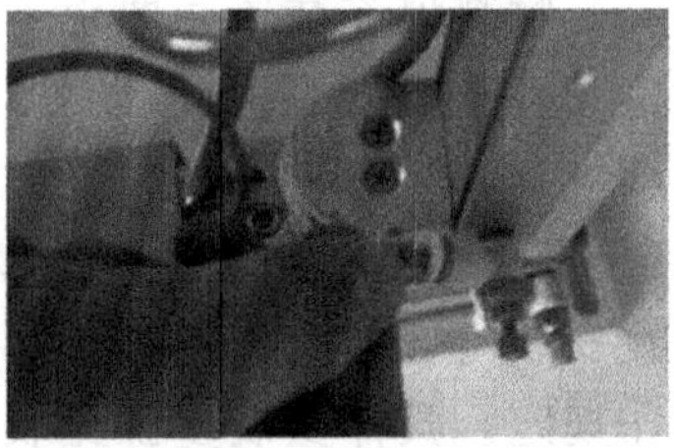
5. 安装防护罩	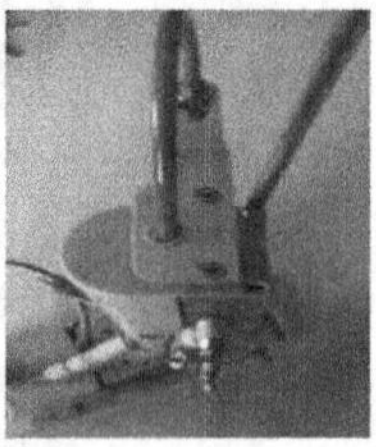	

三、桌面布局图

将组装好的传送装置和物料填充装置按照合适的位置安装到型材板上，以组成颗粒上料单元的机械结构，如图 2-1-8 所示。

图 2-1-8　桌面布局图

任务评价

对任务实施的完成情况进行检查，并将结果填入表 2-1-4。

表 2-1-4　任务测评表

序号	主要内容	考核要求	评分标准	配分	扣分	得分
1	传送装置安装	支架安装牢固	1. 螺丝安装不牢固，每个扣 1 分，扣完为止； 2. 定位气缸安装不牢固，扣 5 分	15		
2		传送带松紧合适	1. 传送带太松或太紧，扣 6 分； 2. 主动轮和从动轮位置安装错误，扣 4 分	10		
3		直流电机齿轮和传送带安装正确	1. 直流电机安装不牢固，扣 5 分； 2. 传送带安装不能正常工作，扣 5 分	10		
4	循环选料装置安装	支架安装牢固	螺丝安装不牢固，每个扣 1 分，扣完为止	10		
5		传送带松紧合适	1. 传送带太松或太紧，扣 6 分； 2. 主动轮和从动轮位置安装错误，扣 4 分	10		
6		推料装置安装	1. 推料气缸安装不牢固，每个扣 2 分； 2. 传感器安装返工，一次扣 1 分	10		
7		电机安装牢固	电机安装不牢固，扣 5 分	5		

表 2-1-4(续)

序号	主要内容	考核要求	评分标准	配分	扣分	得分
8	颗粒填充装置安装	装置安装牢固	螺丝安装不牢固,每个扣1分,扣完为止	10		
9		气管安装不漏气	气管安装漏气,一处扣1分	10		
10	安全文明生产	劳动保护用品穿戴整齐;遵守操作规程;讲文明礼貌;操作结束要清理现场	1. 操作中,违反安全文明生产考核要求的任何一项扣5分,扣完为止; 2. 当发现学生有重大事故隐患时,要立即予以制止,并每次扣安全文明生产总分5分; 3. 穿戴不整洁,扣2分; 4. 设备不还原,扣5分; 5. 现场不清理,扣5分	10		
合计				100		
开始时间:			结束时间:			

任务二　颗粒上料单元电路与气路的连接与操作

任务目标

(1) 掌握可编程序控制器的外部结构及安装要求。

(2) 了解变频器的外部结构及安装要求。

(3) 掌握节流阀和电磁阀的结构及对外连接。

(4) 具备颗粒上料单元电路连接和气路连接的能力。

任务描述

根据电路原理图和气路原理图对设备的电路和气路按照工艺要求进行连接和组装,进而为后续设备编程、调试提供条件。

任务要求

(1) PLC 输出电路连接。

(2) 气动回路安装。

任务实施

一、电路安装

1. 准备 I/O 原理图

I/O 原理图是 PLC 与外部设备通信的依据,通过 I/O 原理图,我们可以明白设备上的电气元件所对应的 PLC 信号,既方便了设备的调试,又为 PLC 程序的编程提供了依据,安装电路之前要仔细阅读 I/O 原理图及其他部分的电路原理图,准备材料和接线。颗粒上料单元的 I/O 原理图(电路原理图)如图 2-1-9 所示。

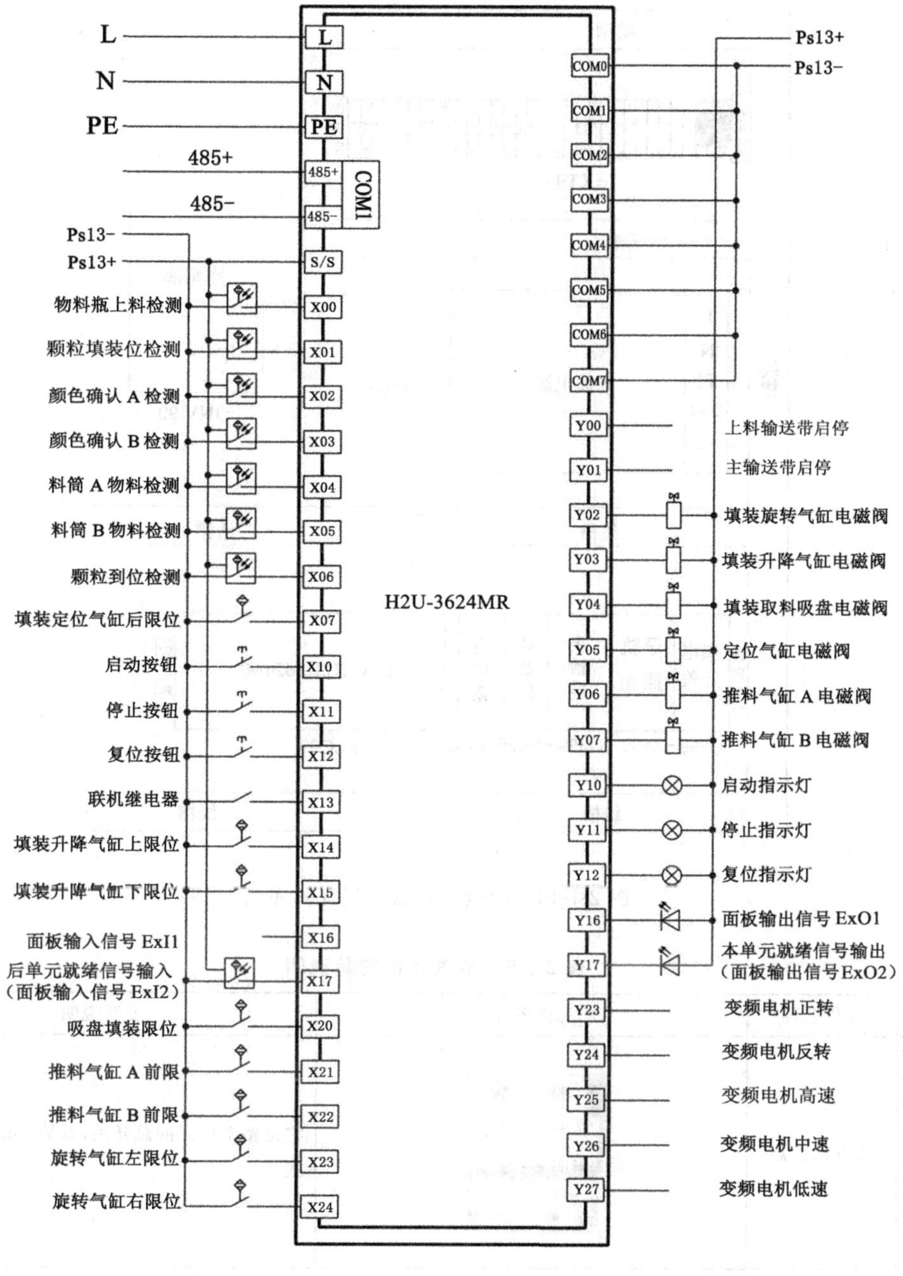

图 2-1-9 颗粒上料单元电路原理图(PLC 输入、输出信号)

2. 安装实施

(1) 固定电气元件

实施电路接线之前,应该先固定各个电气元件,电气元件布局要合理、固定要牢固,配电控制盘上的各电气元件安装布局如图 2-1-10 所示,各元件名称及安装说明见表 2-1-5。配电控制盘用槽板分为三个部分:上部是接线端子,中部是 24 V 直流电源、变频器,下部依次为漏电保护器、电源插座、接触器、熔断器、继电器、PLC。

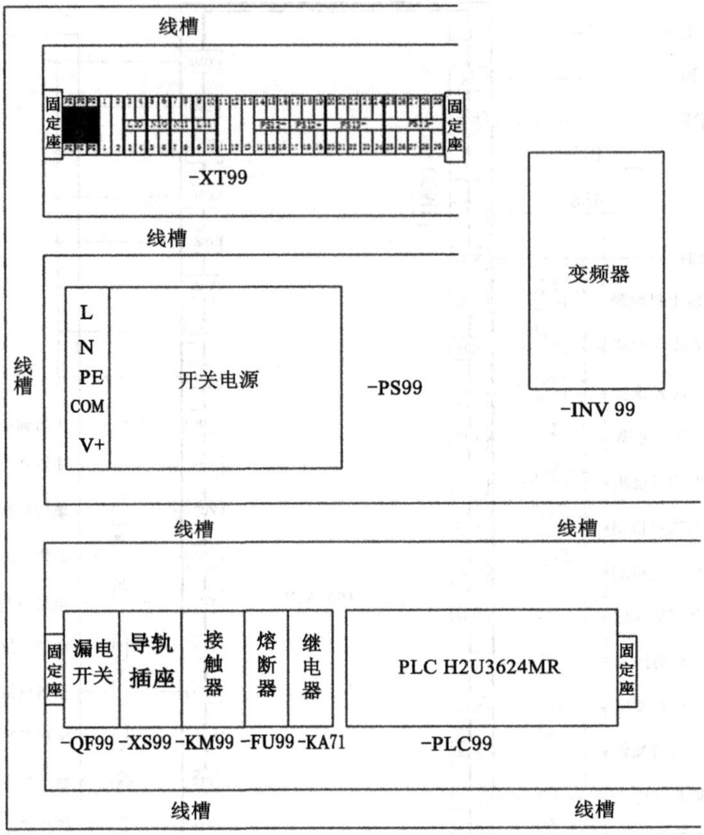

图 2-1-10　配电控制盘电气元件布局

表 2-1-5　电气元件安装说明

序号	元件名称	元件图片	安装说明
1	漏电保护器	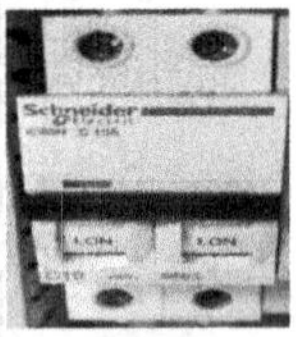	它是整个单元的总开关，采取 DIN 槽固定方式
2	熔断器		采取 DIN 槽固定方式

表 2-1-5(续)

序号	元件名称	元件图片	安装说明
3	PLC	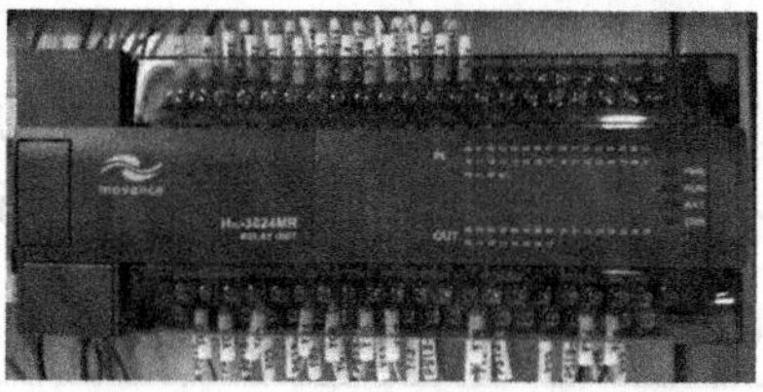	采取 DIN 槽固定方式
4	接线端子	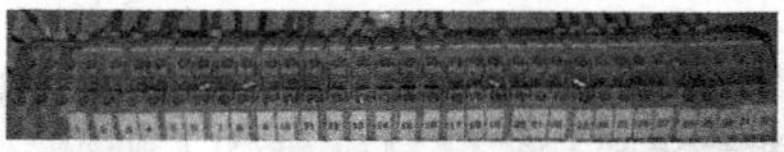	采取 DIN 槽固定方式,等电位的端子采用接片短接
5	接线板		PLC 的输入、输出信号线连接到接线板上,再通过连接导线接到桌面的接线板或者是开关接线板上,采取 DIN 槽固定方式
6	变频器		采用螺钉固定方式
7	24 V 直流电源		采用螺钉固定方式

(2) 电路连接

电气元件固定牢固后,即可以根据电路原理图进行接线。颗粒上料单元中,自动化控制的核心元件是 PLC,上料单元的控制电路以 PLC 为界大体可以分为两部分:一部分是 PLC 的输入端所接部分,另一部分是 PLC 的输出端所接部分。PLC 的输入端应接按钮开关、磁性开关和传感器等;PLC 的输出端应接继电器、电磁阀、变频器,从而控制直流电机、气路通断或换向、三相交流电机等,我们主要介绍 PLC 输出信号端各电气元件的连接方法和工艺要求。注意:导线连接之前要在导线上穿上相应的线号,以便于维修。另外,导线在配电盘和型材板上通过线槽走线。

① 直流电机的连接

颗粒上料单元分别在上料输送带和主输送带上用直流电机拖动，PLC 通过电机正反转线路板 CN320 来控制上料输送带的直流电机启停，通过电机正反转线路板 CN321 来控制主输送带的直流电机启停，如图 2-1-8 所示。表 2-1-6 中以 PLC 和电机正反转线路板 CN320 及上料输送带的直流电机的接线为例，介绍了上料输送带的 PLC 与直流电机的接线步骤及相关说明。主输送带的 PLC 与直流电机的接线可参照进行。

表 2-1-6　PLC 与直流电机接线步骤

步骤及说明	图例	
1. PLC 的 Y0 端接到电机正反转线路板的 IN2 上： ① 首先将 PLC 输出端 Y0 通过公头连接到 CN310 总接线板 XT2 的 0 号位上； ② 从 CN310 总接线板 XT2 的 0 号位上接到电机正反转线路板 CN320 的 IN2 上		
2. 24 V 直流电源的正极接到电机正反转线路板的 M＋端上；电机正反转线路板 CN320 的 PS13＋端(24 V)接到端子排的 5 号端子上		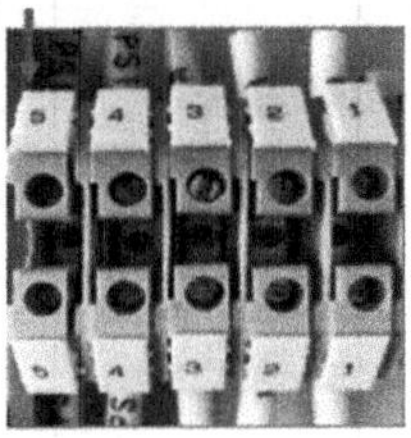
3. 24 V 直流电源的负极接到电机正反转线路板的 M－端上；电机正反转线路板 CN320 的 PS13－端(0 V) 接到端子排的 4 号端子上		
4. 端子排 4、5 号端子另外一端接线从挂板端子排的 PS13－/PS13＋端引线到桌面的 4、5 号端子上		

表 2-1-6(续)

步骤及说明	图例	
5. PLC 的 COM1 端接到 PS13－端	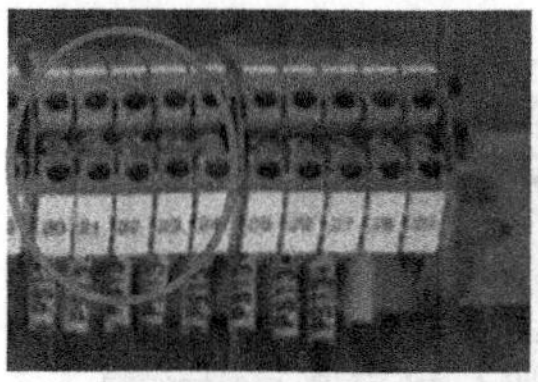	

② 电磁阀的连接

颗粒上料单元中用到 6 个电磁阀，分别是填装定位气缸电磁阀、旋转气缸电磁阀、物料填充装置升降气缸电磁阀(填装机构升降气缸电磁阀)、取料吸盘电磁阀、推料气缸 A 电磁阀、推料气缸 B 电磁阀。表 2-1-7 中以 PLC 和填装定位气缸电磁阀的接线为例，介绍了其接线步骤及相关说明。PLC 与其他电磁阀的接线方法可参照进行。

表 2-1-7　PLC 与电磁阀接线步骤

步骤	图例	说明
1. PLC 的 Y5 端接电磁阀的一根导线(黑色导线)		首先将 PLC 输出端 Y5 通过公头连接到 CN310 总接线板 XT2 的 5 号位上
		然后从 CN310 总接线板 XT2 的 5 号位通过公头接到桌面 CN300 接线板 XT3 的 5 号位上
		最后将电磁阀的一根导线(黑色导线)接到 CN300 接线板 XT3 的 5 号位上

表 2-1-7(续)

步骤	图例	说明
2. PLC 的 COM2 端接到 24 V 直流电源的负极		COM2 端子是输出端 Y2 和 Y3 的公共端
	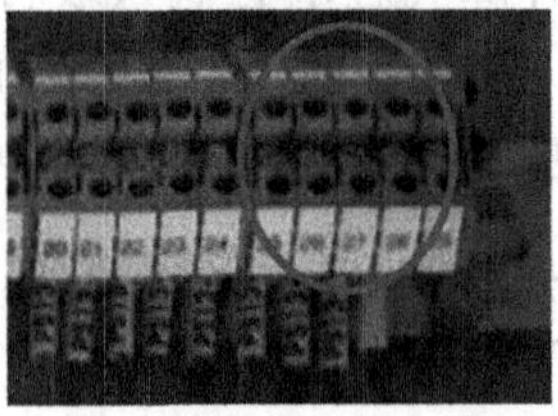	
3. 24 V 直流电源的正极接电磁阀的另一根导线(红色导线)		24 V 正极从挂板端子排 PL13＋端接到桌面 CN310 总接线板的 XT1/XT4 上,再接到 CN300 的 XT2
	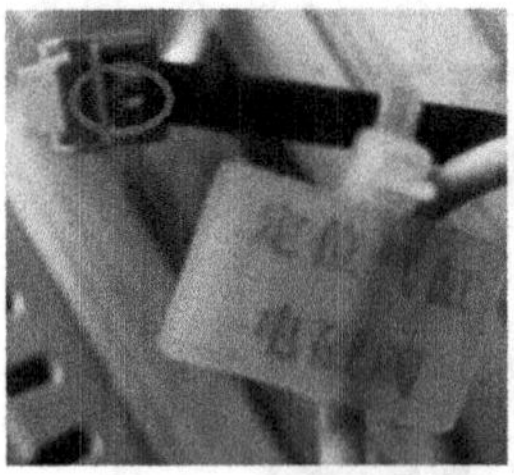	电磁阀的另一根导线(红色导线)可以接到 XT2 的任何一个接口上

③ 三相交流电机的连接

颗粒上料单元的循环选料装置中用到一个三相交流电机,PLC 通过变频器控制三相交流电机的启停和转速。表 2-1-8 中介绍了 PLC 和变频器及三相交流电机之间的接线步骤及相关说明。注意:变频器需要设置成外部工作模式。

表 2-1-8 PLC 与变频器接线步骤

步骤	图例	说明
1. 变频器的 L1、L2 端接入单相交流电		线号 L11 为相线，线号 N11 为中线
	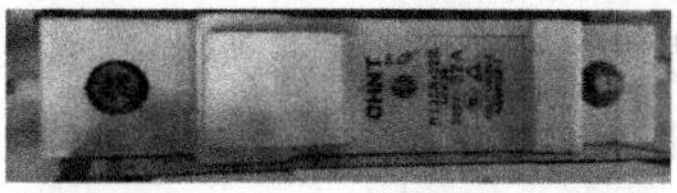	为保护变频器，在相线上串联熔断器
2. 变频器的 U、V、W 端接到三相异步电机上	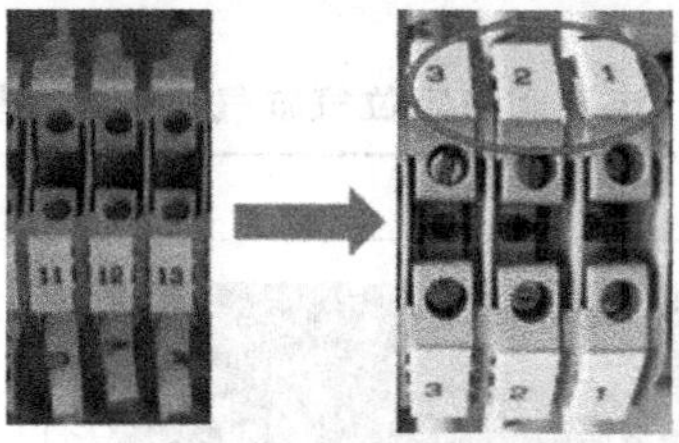	将变频器 U、V、W 三根导线接到挂板的接线端子上，然后再接到桌面接线端子 1、2、3 上
		将电机 U、V、W 三根导线依次接到桌面接线端子 1、2、3 上
3. PLC 的 Y23、Y24、Y25、Y26、Y27 分别接到变频器的 STF、STR、RH、RM、RL 端	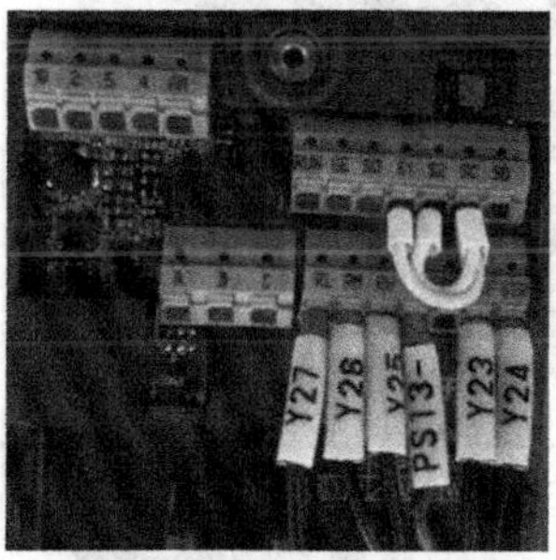	PLC 输出点直接通过线槽连接到变频器上
4. 挂板 24 V 电源负接变频器的公共端 SD	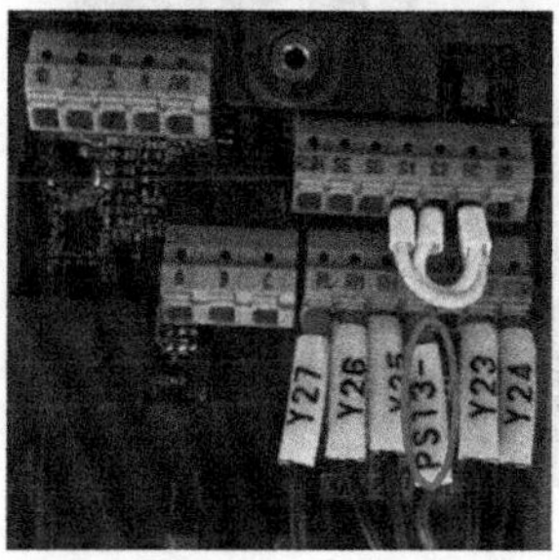	挂板 24 V 电源负极通过线槽连接到变频器的公共端 SD 上

二、气路安装

1. 准备气路原理图

电路原理图是电路安装的依据，而安装气路则需要依据气路原理图，所以，在安装气路之前要仔细阅读气路原理图，根据气路原理图安装气路。图 2-1-11 所示为本单元的气路原理图。

2. 实施安装

颗粒上料单元气路部分共用到 6 个电磁阀，有 3 个安装在汇流板上，其他 3 个悬挂在对应的气缸旁边，在 PLC 的控制下控制各种气缸。打开气源，利用小一字螺丝刀对气动电磁阀的测试旋钮进行操作，按下测试旋钮，气缸伸出即为气路连接正确。表 2-1-9 中以电磁阀和定位气缸气路连接为例，介绍了其气路连接步骤及相关说明，其他气缸气路连接可参照进行。

表 2-1-9　电磁阀与定位气缸气路连接步骤

步骤	图例	说明
1. 将气源连接到汇流板 P 端	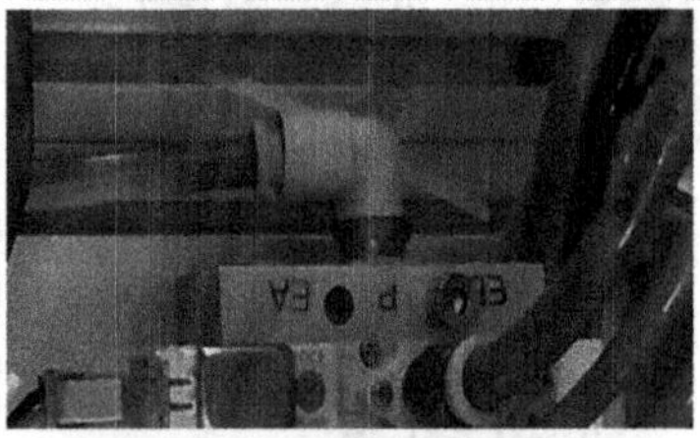	手法要轻，避免损坏汇流板
2. 将电磁阀 A 端接到定位气缸后部节流阀	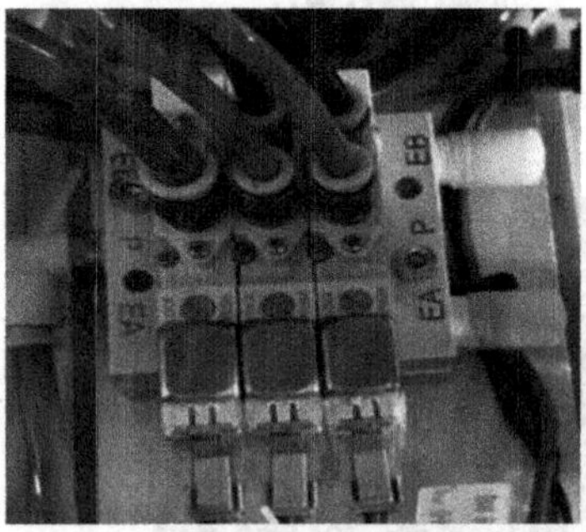	在接气管之前最好能够大致估计出所用气管长度，将气管剪好后再进行连接，电磁阀上的蓝色按钮是手动控制按钮
3. 将电磁阀 B 端接到定位气缸前部节流阀		手法要轻，避免损坏节流阀，接好气管后，按下电磁阀上的手动控制按钮，如果气缸能够推出，说明连接正确，然后根据需要拧动节流阀上的螺栓调节气流大小

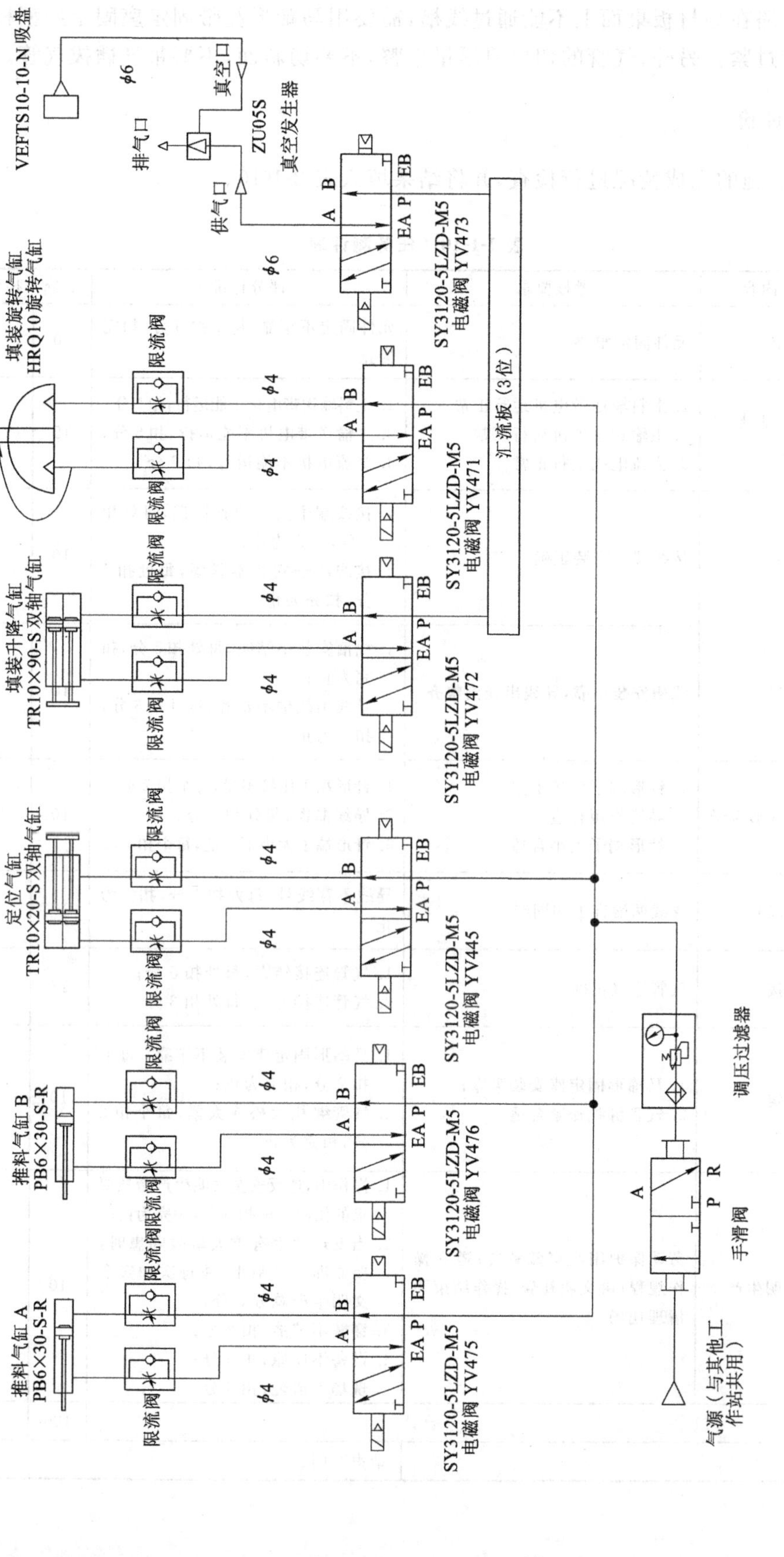
推料气缸 A
PB6×30-S-R
推料气缸 B
PB6×30-S-R
定位气缸
TR10×20-S 双轴气缸
填装升降气缸
TR10×90-S 双轴气缸
填装旋转气缸
HRQ10 旋转气缸
VEFTS10-10-N 吸盘
真空口
ZU05S
真空发生器
排气口
供气口
ϕ6
限流阀
ϕ4
A B
EA P EB
SY3120-5LZD-M5
电磁阀 YV475
SY3120-5LZD-M5
电磁阀 YV476
SY3120-5LZD-M5
电磁阀 YV445
SY3120-5LZD-M5
电磁阀 YV472
SY3120-5LZD-M5
电磁阀 YV471
SY3120-5LZD-M5
电磁阀 YV473
汇流板（3 位）
调压过滤器
A
P R
手滑阀
气源（与其他工作站共用）

图 2-1-11　气路原理图

注意：气路在型材板桌面上不能通过线槽，需要用马蹄形扎带固定座固定到型材板桌面上，绑扎不要过紧。另外，气管的切口要尽量平整，不要切斜面，不要带气插拔气管。

任务评价

对任务实施的完成情况进行检查，并将结果填入表 2-1-10。

表 2-1-10　任务测评表

序号	主要内容	考核要求	评分标准	配分	扣分	得分
1	元件固定	元件固定牢靠	元件固定不牢靠，每个扣 5 分，扣完为止	10		
2	PLC 控制电机功能	1. 上料输送带电机运行正常； 2. 主输送带电机运行正常； 3. 交流电机运行正常	1. 上料输送带电机不能运行，扣 5 分； 2. 主输送带电机不能运行，扣 5 分； 3. 交流电机不能运行，扣 5 分	15		
3	导线安装	接线端子安装正确	1. 接线端子安装位置错误，每处扣 2 分，扣完为止； 2. 接线端子安装不紧固，每处扣 1 分，扣完为止	10		
4	线槽固定	线槽安装牢靠，导线出线槽整齐	1. 线槽安装不结实，每处扣 3 分，扣完为止； 2. 导线出线槽不整齐，每处扣 3 分，扣完为止	10		
5	导线压针形端子	1. 针形端子压接牢固； 2. 导线长短合适； 3. 针形端子大小合适	1. 针形端子压接不紧，每个扣 2 分； 2. 导线漏铜，每处扣 1 分； 3. 针形端子大小不合适，每个扣 1 分	10		
6	导线穿线号	导线两端穿上相同线号	导线不穿线号，每处扣 1 分，扣完为止	10		
7	气管连接	气管连接正确	1. 气管连接错误，每处扣 5 分； 2. 气管连接漏气，每处扣 3 分	15		
8	气管固定	1. 马蹄形固定座安装牢靠； 2. 气管绑扎松紧合适	1. 马蹄形固定座安装不牢靠，每个扣 2 分，扣完为止； 2. 气管绑扎太松或太紧，每个扣 2 分，扣完为止	10		
9	安全文明生产	劳动保护用品穿戴整齐；遵守操作规程；讲文明礼貌；操作结束要清理现场	1. 操作中，违反安全文明生产考核要求的任何一项扣 5 分，扣完为止； 2. 当发现学生有重大事故隐患时，要立即予以制止，并每次扣安全文明生产总分 5 分； 3. 穿戴不整洁，扣 2 分； 4. 设备不还原，扣 5 分； 5. 现场不清理，扣 5 分	10		
合计				100		
开始时间：			结束时间：			

任务三　颗粒上料单元编程与调试

任务目标

(1) 理解 PLC 的硬件组成和工作原理。

(2) 会进行通用变频器的参数设置。

(3) 学会 PLC 的基本指令及用法。

(4) 具备颗粒上料单元程序编写和调试的能力。

任务描述

在上两个任务中,我们已将设备的机械部分进行组装,并将电路和气路部分进行了组装,现需要在了解相关理论知识的基础上,根据设备运行的要求编写 PLC 程序,设置变频器参数并进行调试,使其能够正常运行。

任务要求

(1) PLC 控制程序的编写与调试。

(2) 变频器参数的设置与调试。

任务实施

一、列 I/O 分配表

列 I/O 分配表就是将每一个输入设备对应一个 PLC 的输入点,将每一个输出设备对应一个 PLC 的输出点,列成表格形式,明确表示各自对应关系。I/O 分配表是绘制 PLC 接线图和编写 PLC 程序的依据,若 PLC 已经完成接线,则 I/O 分配表应该与 PLC 接线图保持一致。上料单元的 I/O 分配表见表 2-1-11。

表 2-1-11　I/O 分配表

序号	PLC 输入或输出端子	输入或输出设备	功能描述	备注
1	X0	物料瓶上料传感器	物料瓶上料传感器感应到物料瓶,X0 闭合	
2	X1	颗粒填装位传感器(物料瓶)	颗粒填装位感应到物料瓶,X1 闭合	
3	X2	颜色检测传感器 1	检测到颜色 A 物料,X2 闭合	
4	X3	颜色检测传感器 2	检测到颜色 B 物料,X3 闭合	
5	X4	料筒 A 物料检测传感器	检测到料筒 A 有物料,X4 闭合	
6	X5	料筒 B 物料检测传感器	检测到料筒 B 有物料,X5 闭合	
7	X6	输送带取料位检测传感器	输送带取料位检测到物料,X6 闭合	

表 2-1-11(续)

序号	PLC 输入或输出端子	输入或输出设备	功能描述	备注
8	X7	填装定位气缸后限位(磁性开关)	填装定位气缸后限位感应,X7 闭合	
9	X10	启动按钮	按下启动按钮,X10 闭合	
10	X11	停止按钮	按下停止按钮,X11 闭合	
11	X12	复位按钮	按下复位按钮,X12 闭合	
12	X13	联机按钮	按下联机按钮,X13 闭合	
13	X14	填装升降气缸上限位(磁性开关)	填装升降气缸上限位感应,X14 闭合	
14	X15	填装升降气缸下限位(磁性开关)	填装升降气缸下限位感应,X15 闭合	
15	X17	后单元就绪传感器	后单元就绪信号输入,X17 闭合	
16	X20	吸盘填装物料传感器	吸盘填装物料感应,X20 闭合	
17	X21	推料气缸 A 前限位(磁性开关)	推料气缸 A 前限位感应,X21 闭合	
18	X22	推料气缸 B 前限位(磁性开关)	推料气缸 B 前限位感应,X22 闭合	
19	X23	旋转气缸左限位(磁性开关)	旋转气缸左限位感应,X23 闭合	
20	X24	旋转气缸右限位(磁性开关)	旋转气缸右限位感应,X24 闭合	
21	Y0	上料输送带电机(继电器线圈)	Y0 闭合,上料输送带运行	
22	Y1	主输送带电机(继电器线圈)	Y1 闭合,主输送带运行	
23	Y2	填装旋转气缸(电磁阀)	Y2 闭合,填装旋转气缸旋转	
24	Y3	填装升降气缸(电磁阀)	Y3 闭合,填装升降气缸下降	
25	Y4	填装取料吸盘(电磁阀)	Y4 闭合,填装取料吸盘拾取	
26	Y5	填装定位气缸(电磁阀)	Y5 闭合,填装定位气缸伸出	
27	Y6	推料气缸 A(电磁阀)	Y6 闭合,推料气缸 A 推料	
28	Y7	推料气缸 B(电磁阀)	Y7 闭合,推料气缸 B 推料	
29	Y10	启动指示灯	Y10 闭合,启动指示灯亮	
30	Y11	停止指示灯	Y11 闭合,停止指示灯亮	
31	Y12	复位指示灯	Y12 闭合,复位指示灯亮	
32	Y17	本单元就绪传感器	Y17 闭合,本单元就绪输出	
33	Y23	三相电机正转(变频器 STF)	Y23 闭合,变频电机正转	
34	Y24	三相电机反转(变频器 STR)	Y24 闭合,变频电机反转	
35	Y25	三相电机高速(RH)	Y25 闭合,变频电机高速挡	
36	Y26	三相电机中速(RM)	Y26 闭合,变频电机中速挡	
37	Y27	三相电机低速(RL)	Y27 闭合,变频电机低速挡	

二、PLC 程序编写和变频器参数设置

列好 I/O 分配表后，根据颗粒上料单元的任务要求编写程序。任务要求具体为：操作人员将空物料瓶放到上料输送带上，上料输送带逐个将空瓶输送到主输送带；同时循环选料装置将料筒内的物料推出，根据颜色对颗粒物料进行分拣（颜色可自定）；当空物料瓶到达填装位后，物料瓶定位气缸将空瓶固定，主输送带停止；物料填充装置将分拣到位的颗粒物料放置到空物料瓶内；瓶内物料到达设定的颗粒数量后，物料瓶定位气缸松开，主输送带启动，将瓶子输送到下一个工位。

此单元可以通过设定物料颜色（2 种）、颗粒数量（最多 4 粒）进行不同的组合，最多可产生 8 种填装方式。

1. 编程软件的使用方法

下面以电机的点动控制为例，讲解如何使用 GX Developer V8.86 编程软件。

（1）双击桌面 GX 软件图标，如图 2-1-12 所示。打开软件，如图 2-1-13 所示。

图 2-1-12　GX 软件图标

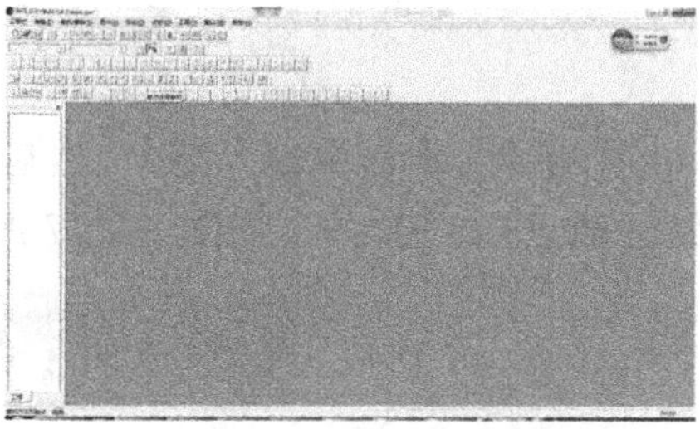

图 2-1-13　GX 软件打开界面

（2）输入梯形图程序

① 新建一个工程，点击工程下拉菜单，选择“创建新工程”，如图 2-1-14 所示。在“创建新工程”对话框中选择你所使用的 PLC 类型，如图 2-1-15 所示，点击“确定”。

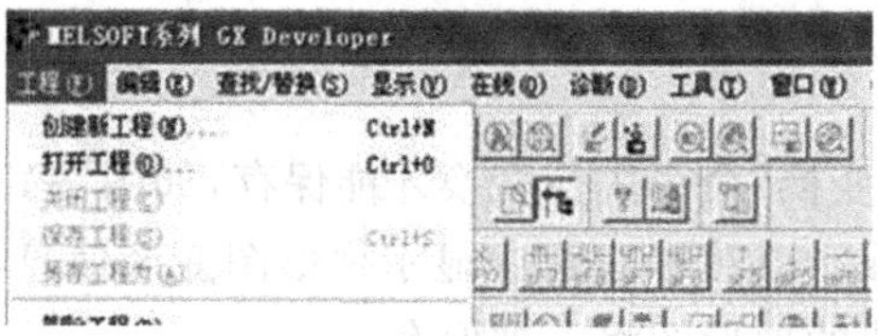

图 2-1-14　创建新工程

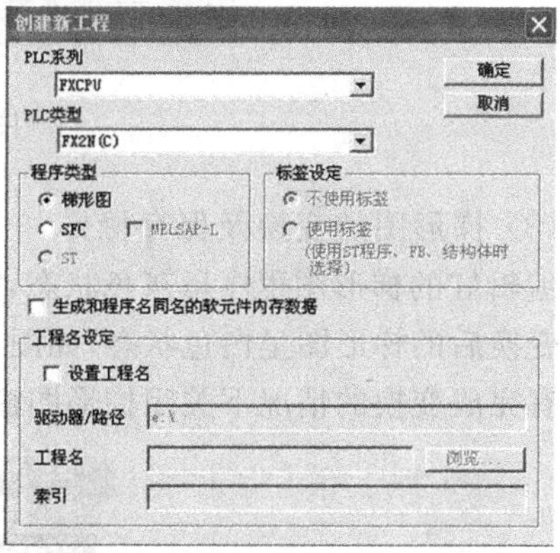

图 2-1-15　选择 PLC 类型

② 创建新工程后，进入 GX Developer 写入界面，如图 2-1-16 所示。

③ 将光标移至线框当前编辑区内，单击常开触点图标或者按 F5 快捷键，弹出“梯形图输入”对话框。

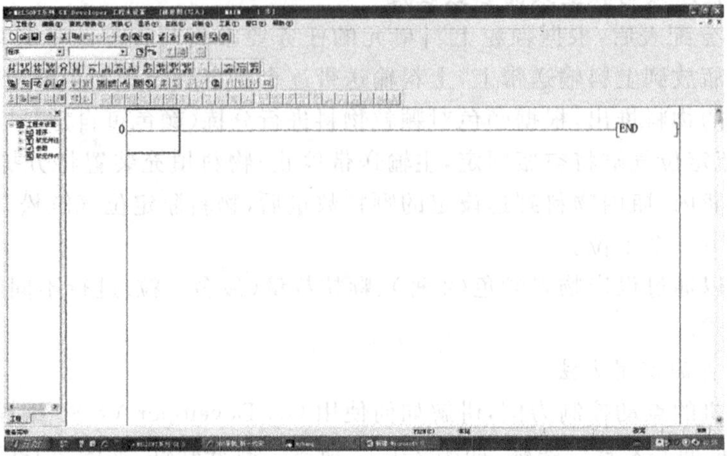

图 2-1-16　GX Developer 写入界面

在右侧的文本框中输入“x0”，然后单击“确定”按钮或者按回车键，即可完成输入继电器(常开触点)x0 的写入，如图 2-1-17 所示。

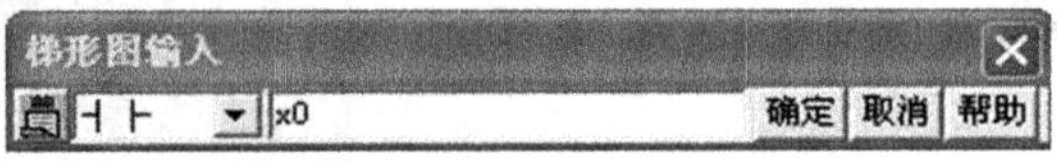

图 2-1-17　常开触点写入

采用类似的方法，单击“”图标或者按 F7 快捷键，弹出“梯形图输入”对话框，在右侧文本框中输入“y0”，完成输出继电器(线圈)的写入，如图 2-1-18 所示。

图 2-1-18　线圈写入

(3) 梯形图的变换及保存操作

编辑好的梯形图程序呈灰色状态，需要执行“变换”命令进行变换才能保存，如图 2-1-19 所示。变换后的梯形图呈白色状态，如图 2-1-20 所示。在变换过程中显示梯形图变换信息，如果在没有完成变换的情况下关闭梯形图窗口，新创建的梯形图将不被保存。

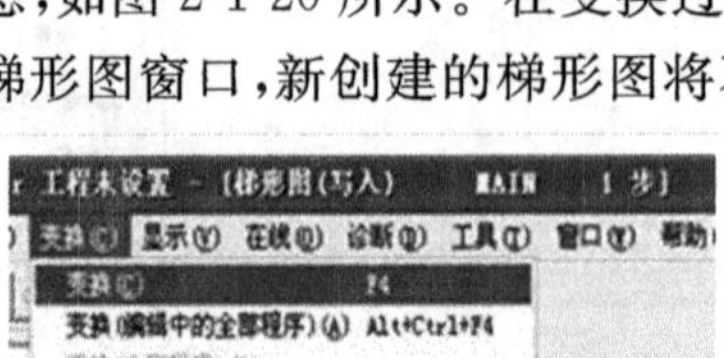

图 2-1-19　“变换”命令位置

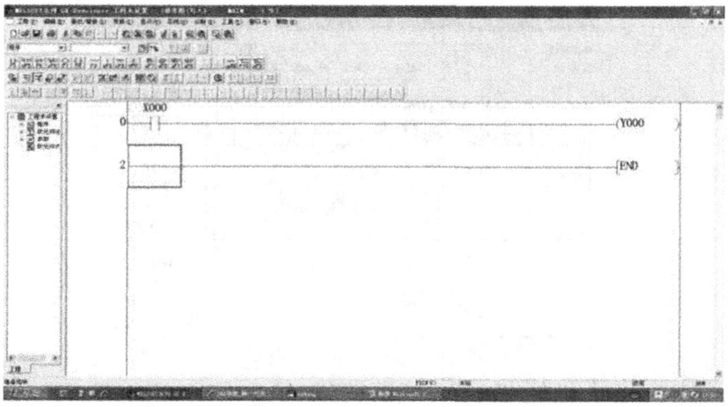

图 2-1-20　变换后状态

(4) 程序的写入

变换完成后，点击“在线”→“PLC 写入”命令，如图 2-1-21 所示。会弹出“PLC 写入”对话框，如图 2-1-22 所示。选择“程序”→“指定范围”→“步范围”，输入梯形图的步数，再单击“执行”按钮，如图 2-1-23 所示，即可完成 PLC 的程序写入。

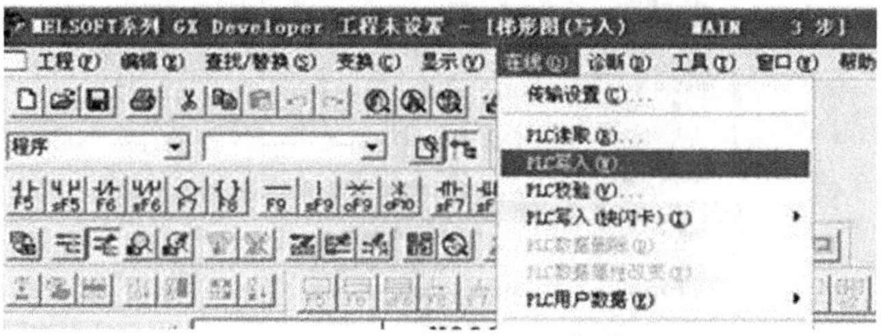

图 2-1-21　PLC 写入命令

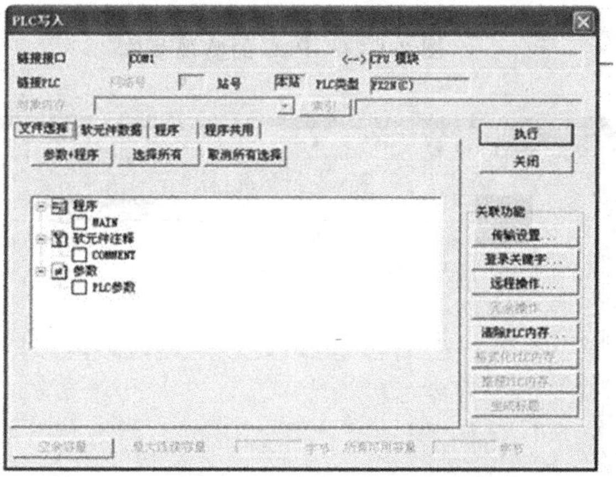

图 2-1-22　PLC 写入对话框

(5) 程序的运行和监控

① 程序的运行。将 PLC 设为 RUN 模式，程序即开始运行。

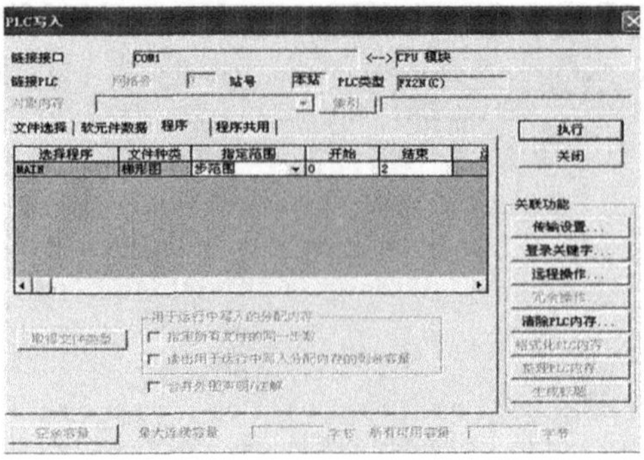

图 2-1-23　PLC 的程序写入

② 监控。执行程序运行后，可以进入监视模式下观察程序执行情况和输入、输出信号的状态。具体操作为：点击"在线"→"监视"命令，如图 2-1-24 所示。可对 PLC 的运行过程进行监控，监控画面如图 2-1-25 所示。

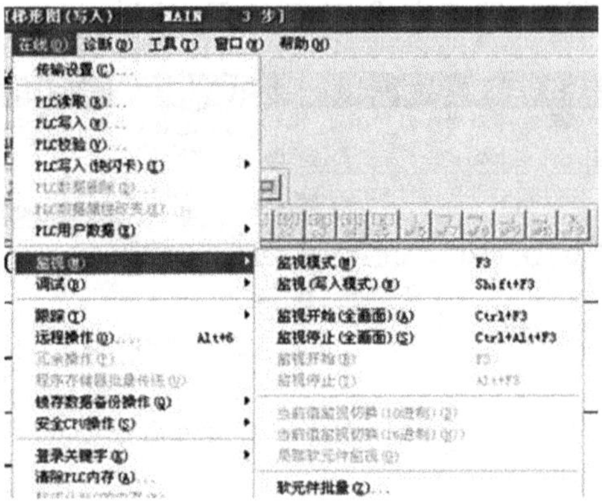

图 2-1-24　PLC 的监视菜单

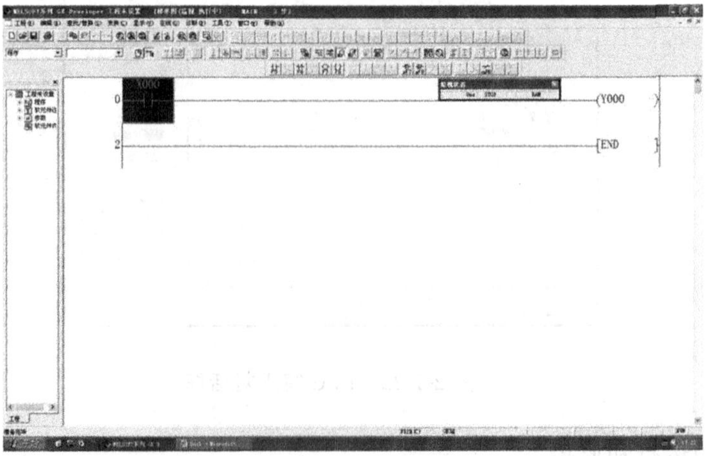

图 2-1-25　监控画面

2. 变频器的基本参数及操作方法

变频器正常工作需要正确设置参数。变频器的参数很多，常用的基本功能参数见表 2-1-12。

表 2-1-12　变频器的基本功能参数表

参数号	参数名称	设定范围	设定值
Pr.1	上限频率	0～120 Hz	50 Hz
Pr.2	下限频率	0～120 Hz	10 Hz
Pr.4	多段速度(高速)	0～400 Hz	45 Hz
Pr.5	多段速度(中速)	0～400 Hz	30 Hz
Pr.6	多段速度(低速)	0～400 Hz	20 Hz
Pr.7	加速时间	0～3 600 s	0.5 s
Pr.8	减速时间	0～3 600 s	0.5 s
Pr.79	操作模式选择	0、1、2、3、4、6、7	3

(1) 变频器的基本操作

变频器操作面板的基本操作包括运行模式切换、监视器设定、频率设定、参数设定等，如图 2-1-26 所示，旋钮和按键的功能见表 2-1-13。

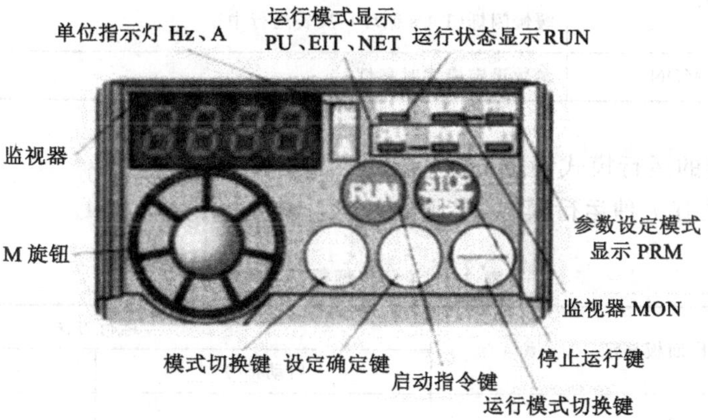

图 2-1-26　操作面板的名称和功能

表 2-1-13　旋钮和按键的功能

旋钮和按键	功能
M 旋钮(三菱变频器旋钮)	旋动该旋钮用于变更频率、参数的设定值；按下该旋钮可显示以下内容：监视模式时的设定频率、校正时的当前设定值、报警历史模式时的顺序
模式切换键 MODE	用于切换各设定模式和运行模式，切换键(PU/EXT)同时按下也可以用来切换运行模式，长按此键(2 s)可以锁定操作

表 2-1-13(续)

旋钮和按键	功能
设定确定键 SET	各设定的确定;运行中按此键则监视器出现以下显示:运行频率→输出频率→输出电压→运行频率
运行模式切换键	用于切换 PU/外部运行模式;使用外部运行模式(通过外接的频率设定电位器和启动信号的启动运行)时请按此键,使表示运行模式的 EXT 处于亮灯状态(切换至组合模式时,可同时按 MODE 键 0.5 s 或者变更参数 Pr.79);PU:PU 运行模式,EXT:外部运行模式,也可以解除 PU 停止
启动指令键	在 PU 模式下,按此键启动运行;通过 Pr.40 的设定,可以选择旋转方向
停止运行键	在 PU 模式下,按此键停止运转;保护功能(严重故障)生效时,也可以进行报警复位
运行模式显示	PU:PU 运行模式时亮灯,EXT:外部运行模式时亮灯,NET:网络运行模式时亮灯
监视器	显示频率、参数编号等
监视数据单位显示	Hz:显示频率时亮灯;A:显示电流时亮灯(显示电压时熄灯,显示设定频率监视时闪烁)
运行状态显示(RUN)	变频器动作中亮灯或者闪烁亮灯:正转运行中;缓慢闪烁(1.4 s 循环):反转运行中
参数设定模式显示 MON	参数设定模式时亮灯

(2) 变频器的运行模式设定

变频器一共有 7 种运行模式,常用的有以下 4 种,见表 2-1-14。

表 2-1-14 变频器运行模式介绍

操作面板显示	运行方法	
	启动指令	频率指令
闪烁  闪烁		
闪烁 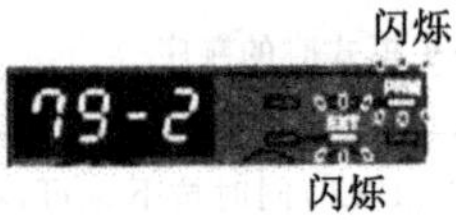 闪烁	外部(STF、STR)	模拟电压输入

表 2-1-14(续)

操作面板显示	运行方法	
	启动指令	频率指令
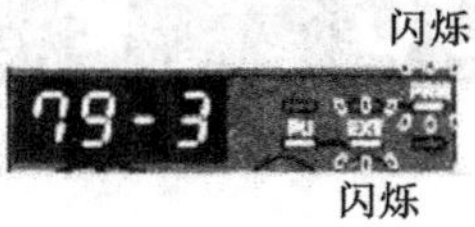	外部(STF、STR)	
		模拟电压输入

例如,将变频器的运行模式设为启动指令为外部(STF/STR)输入、频率指令通过旋钮输入的运行模式(即将参数 Pr.79 设定为“3”),具体的操作方法和步骤见表 2-1-15。

表 2-1-15 设定运行模式的方法及步骤

操作步骤	显示
① 电源接通时显示监视器画面	
② 按和按钮 0.5 s	
③ 旋转,将值设定为“79-3”	
④ 按键确认	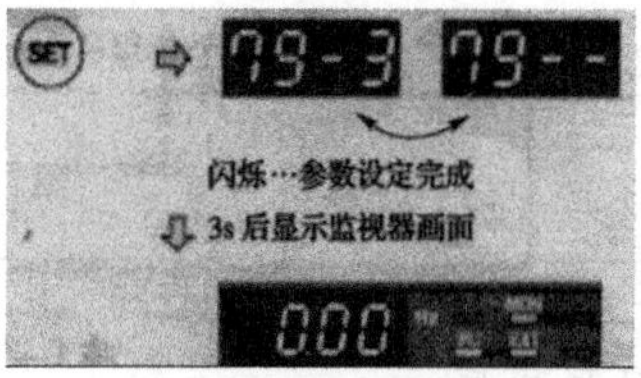

(3) 变频器内参数的变更

以改变参数 Pr.1 上限频率的设定值为例,具体的操作方法及步骤见表 2-1-16。

表 2-1-16　变更参数设定值的操作步骤

操作步骤	显示
① 电源接通时显示监视器画面	
② 按  键，进入 PU 运行模式	PU 显示灯亮 
③ 按  键，进入参数设定模式	PRM 显示灯亮  （显示以前读取的参数编号）
④ 旋转  ，将参数编号设定为“P.1”(Pr.1)	
⑤ 按  键，读取当前的设定值，显示“120.0”（初始值 120.0 Hz）	
⑥ 旋转  ，将值设定为“50.00”(50.00 Hz)	
⑦ 按  键确定	 闪烁→参数设定完成

3. 编写程序

程序编写要依据 I/O 分配表和工作要求，不同的思路有不同的编程方法，图 2-1-27 所示为颗粒填充装置的参考程序，请编写出供料单元的完整程序并下载到 PLC 中进行调试，实现工作任务。

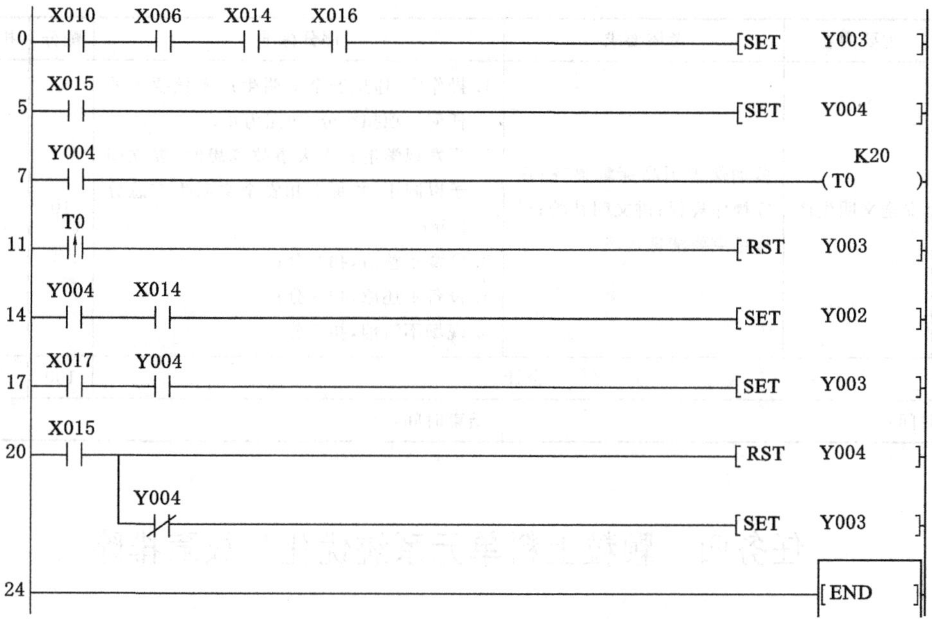

图 2-1-27　颗粒填充装置的参考程序

任务评价

对任务实施的完成情况进行检查，并将结果填入表 2-1-17。

表 2-1-17　任务测评表

序号	主要内容	考核要求	评分标准	配分	扣分	得分
1	编程软件使用	会使用编程软件	1. 不会选择 PLC 型号，扣 2 分； 2. 不会新建工程，扣 2 分； 3. 不会输入程序，扣 3 分； 4. 不会下载程序，扣 3 分	10		
2	程序编写	会编写 PLC 程序	1. 循环选料装置不能正常运行，扣 10 分； 2. 送料输送带不能正常运行，扣 10 分； 3. 主输送带不能正常运行，扣 10 分； 4. 电位气缸不能正常使用，扣 10 分； 5. 填充装置不能正常运行，扣 10 分	50		
3	变频器参数设置	会设置变频器参数	1. 不会切换工作模式，扣 10 分； 2. 不会设置基本参数，扣 10 分； 3. 不会设置高、中、低速，扣 10 分	30		

表 2-1-17(续)

序号	主要内容	考核要求	评分标准	配分	扣分	得分
4	安全文明生产	劳动保护用品穿戴整齐;遵守操作规程;讲文明礼貌;操作结束要清理现场	1. 操作中,违反安全文明生产考核要求的任何一项扣5分,扣完为止; 2. 当发现学生有重大事故隐患时,要立即予以制止,并每次扣安全文明生产总分5分; 3. 穿戴不整洁,扣2分; 4. 设备不还原,扣5分; 5. 现场不清理,扣5分	10		
合计				100		
开始时间:			结束时间:			

任务四　颗粒上料单元系统优化与故障排除

任务目标

(1) 学会查找系统电气故障的常用方法。

(2) 学会选择适合的工具并能够正确使用工具。

(3) 通过练习故障排除,掌握查找、排除简单电气故障的技能。

任务描述

颗粒上料单元主要任务是为物料瓶填装物料,现在上料单元已经组装完成,但是由于种种原因出现故障,不能正常运行。请根据所学知识,查找故障,将其排除,并将排除故障的操作步骤进行记录。

任务要求

(1) 排除机械故障。

(2) 排除电气故障。

任务实施

一、故障一

1. 故障现象

按下“启动”按钮后,循环选料单元输送带不动。

2. 故障分析

首先,通过观察排除机械故障,确定机械部件安装正常后,考虑电气故障的可能。正常情况下,按下“启动”按钮,输送带能够运行,若电机不转,先观察 PLC 程序,如果程序中输送带运行对应的元件得电,说明 PLC 输出信号正常(也可以通过输出信号指示灯进行验证),

但是输出信号没有最终输送到电机的控制元件上。可以考虑是变频器和 PLC 或者变频器和电机之间的接线存在故障。

请根据实际排除故障操作填写表 2-1-18。

表 2-1-18　排除故障操作记录卡

故障现象	
排除故障所用的方法	
排除故障的操作步骤	
结论	

二、故障二

1. 故障现象

物料瓶运行到装料位置后，定位气缸不动。

2. 故障分析

首先，打开气源，按下定位电磁阀上的按钮，如果定位气缸能够正常动作，说明气路正常。然后，观察程序，如果程序中定位气缸动作对应的元件得电，说明 PLC 输出信号正常，但是输出信号没有最终输送到电磁阀，可以考虑故障范围是 PLC 和电磁阀之间的连线不正确。

请根据实际排除故障操作填写表 2-1-19。

表 2-1-19　排除故障操作记录卡

故障现象	
排除故障所用的方法	
排除故障的操作步骤	
结论	

三、故障三

1. 故障现象

物料到达装料位置后，物料填装机构不动。

2. 故障分析

首先，打开气源，按下填充装置升降电磁阀上的按钮，如果升降气缸能够正常动作，说明气路正常。然后，观察程序，如果 PLC 程序没有错误，检查 PLC 输入信号端，如果发现物料到位信号未收到，可以考虑是传感器设置或者是传感器和 PLC 之间的故障。

请根据实际排除故障操作填写表 2-1-20。

表 2-1-20　排除故障操作记录卡

故障现象	
排除故障所用的方法	
排除故障的操作步骤	
结论	

任务评价

对任务实施的完成情况进行检查,并将结果填入表 2-1-21。

表 2-1-21 任务测评表

序号	主要内容	考核要求	评分标准	配分	扣分	得分
1	工具使用	正确使用工具	使用工具不正确,扣 10 分	10		
2	方法使用	正确使用方法	1. 不会直观观察,扣 10 分; 2. 不会电压法,扣 10 分; 3. 不会电流法,扣 10 分	30		
3	排除故障思路	思路清晰	1. 排除故障思路不清晰,扣 10 分; 2. 故障范围扩大,扣 20 分	30		
4	故障排除	正确排除故障	只能找到故障,不能排除故障或排除方法不对,扣 20 分	20		
5	安全文明生产	劳动保护用品穿戴整齐;遵守操作规程;讲文明礼貌;操作结束要清理现场	1. 操作中,违反安全文明生产考核要求的任何一项扣 5 分,扣完为止; 2. 当发现学生有重大事故隐患时,要立即予以制止,并每次扣安全文明生产总分 5 分; 3. 穿戴不整洁,扣 2 分; 4. 设备不还原,扣 5 分; 5. 现场不清理,扣 5 分	10		
合计				100		
开始时间:			结束时间:			

项目二　加盖拧盖单元的安装与调试实训

SX-815Q 型机电一体化综合实训考核装置的第二个单元是加盖拧盖单元。通过本项目的学习，学会对加盖拧盖单元的机械部件进行组装，对电路和气路进行连接，编写程序并进行调试，从而实现加盖拧盖单元的工作流程。

SX-815Q 型机电一体化综合实训考核装置中的加盖拧盖单元如图 2-2-1 所示。具体工作流程是：瓶子被输送到加盖模块下，加盖位顶瓶装置将瓶子固定，加盖机构启动加盖流程，将盖子(白色或蓝色)加到瓶子上；加上盖子的瓶子继续被送往拧盖机构，到拧盖模块下方，拧盖位顶瓶装置将瓶子固定，拧盖机构启动，将瓶盖拧紧。输送带运转，送入下一单元，并如此循环下去。

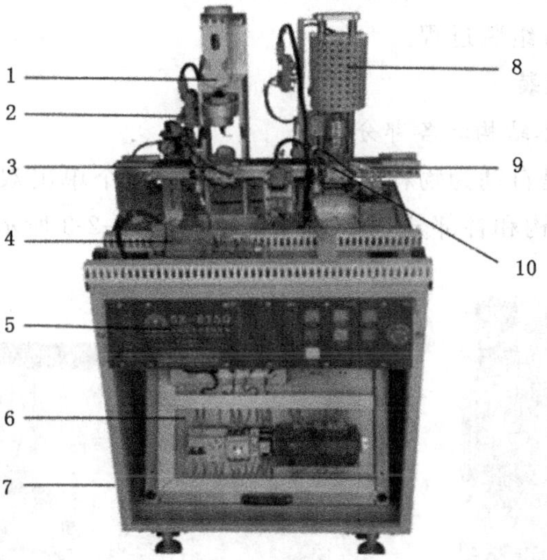

1—加盖机构；2—组件 15 针端子板；3—加盖定位装置；4—组件 37 针端子板；5—控制面板；6—控制挂板；7—模型桌体；8—拧盖机构；9—1 号输送带机构；10—拧盖定位装置。

图 2-2-1　加盖拧盖单元整体图

任务一　加盖拧盖单元机械构件的安装与调试

任务目标

(1) 能理解直线轴承的结构和原理。

(2) 能理解直流电机的结构和原理。

(3) 具备组装加盖拧盖单元机械构件的能力。

任务描述

工厂新进一台为物料瓶填装物料的设备,现需要在了解相关理论知识的基础上,自行安装传送带和加盖拧盖机构,进而将其组装到一起组成加盖拧盖单元,为前置、后续单元电路连接和气路连接提供机械基础。

任务要求

(1) 加盖机构的安装与调试。

(2) 拧盖机构的安装与调试。

任务实施

SX-815Q 型机电一体化实训装置中,加盖拧盖单元机械构件主要有三部分:传送带、加盖装置和拧盖装置。传送带的组装已经在项目一中介绍过了,在此不再赘述。下面分别介绍加盖装置和拧盖装置组装过程。

一、加盖装置的组装

1. 加盖装置的整体结构和各部分零件

加盖装置的作用是自动为物料瓶加上瓶盖,包括一个单出双杠气缸和一个单出柱状气缸,加盖装置的整体结构和各部分零件如图 2-2-2 和图 2-2-3 所示。

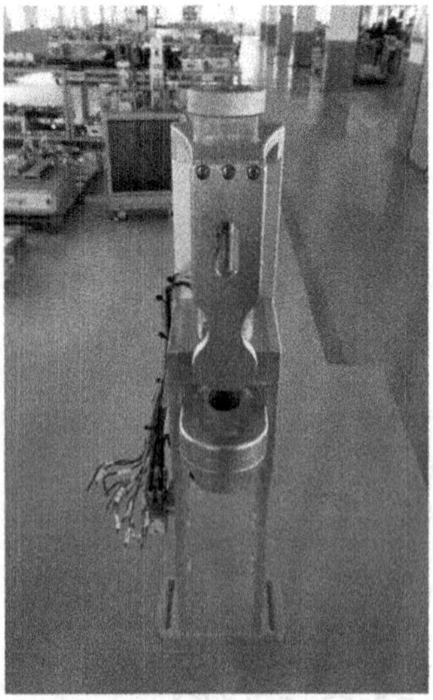

图 2-2-2　加盖装置整体结构

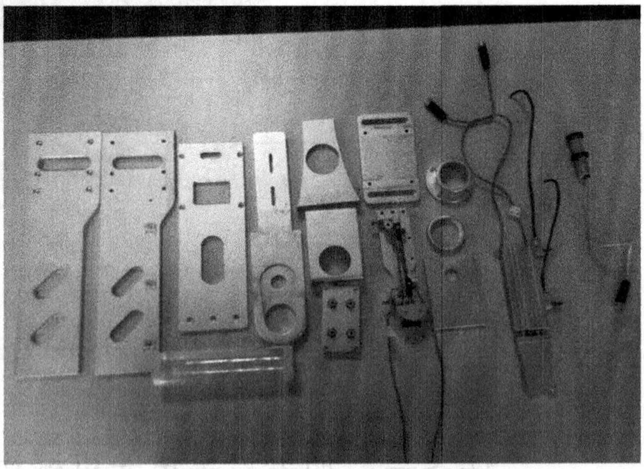

图 2-2-3　加盖装置各部分零件

2. 安装步骤

加盖装置安装步骤见表 2-2-1。

表 2-2-1　加盖装置安装步骤

步骤及说明	图例	步骤及说明	图例
1. 传感器安装 在传感器安装板上，将光电开关按下，要安装紧固，此开关作用是检测瓶盖料仓是否有瓶盖	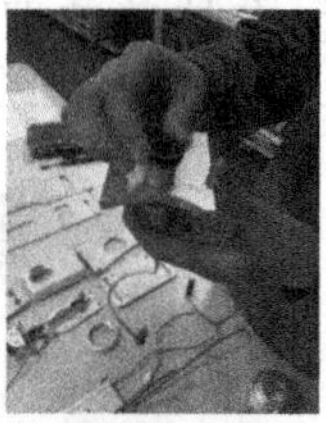	6. 背板安装 安装紧固	
2. 安装右侧板 将传感器安装板与右侧板固定，注意传感器安装板方向		7. 送盖气缸安装 ① 安装气缸前将送盖气缸推头按下； ② 将送盖气缸安装到加盖装置上	 
3. 安装料筒架 注意不要碰伤光电开关	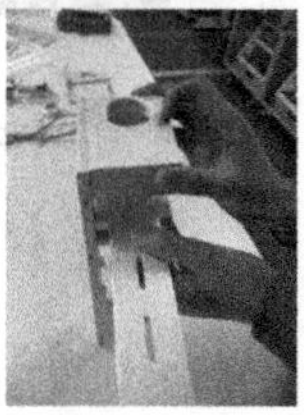	8. 校正筒安装 安装要牢固、垂直	
4. 安装左侧板 注意先后顺序		9. 压盖气缸安装 ① 安装压盖气缸前将冲头安装在气缸上； ② 将压盖气缸安装在支架上； ③ 将支架安装到加盖装置上	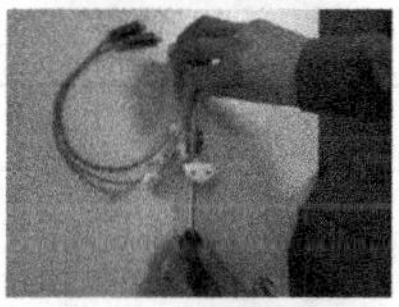 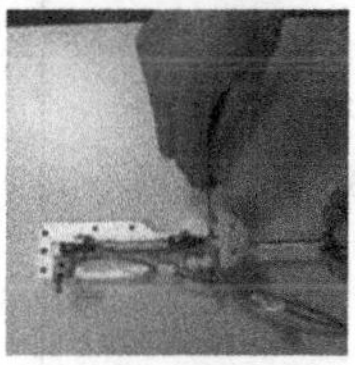 
5. 安装底板 安装紧固	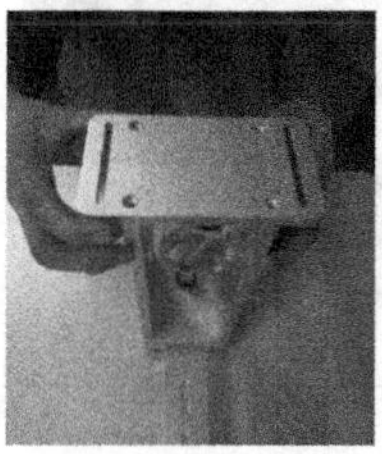	10. 料筒安装 最后将料筒装入	

二、拧盖装置的安装

1. 拧盖装置整体结构和各部分零件

拧盖装置的作用是将物料瓶上所加的瓶盖拧紧，在拧盖装置中用到直线轴承和直流减速电机。拧盖装置的整体结构和各部分零件如图 2-2-4 和图 2-2-5 所示。

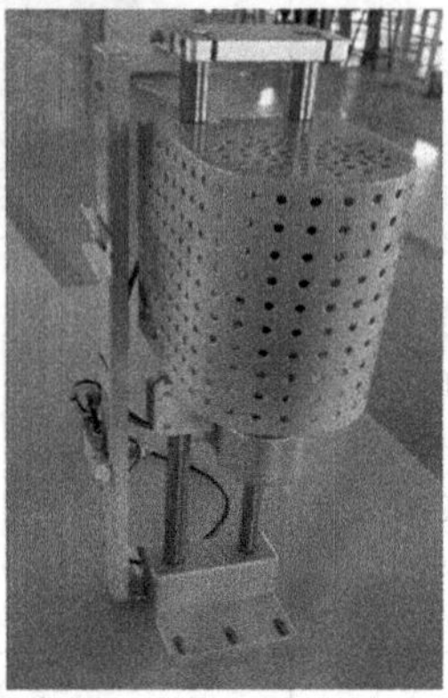

图 2-2-4　拧盖装置整体结构

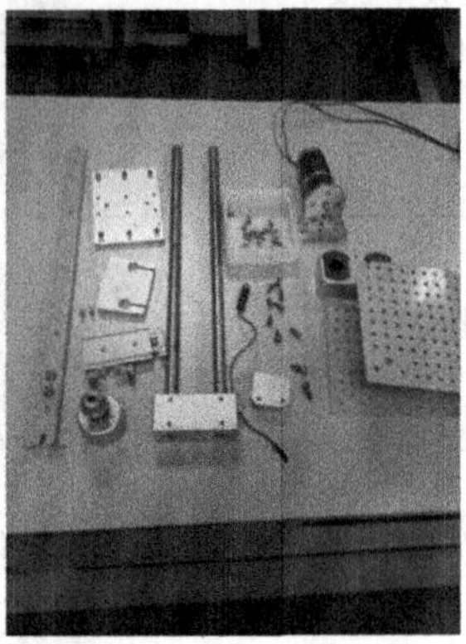

图 2-2-5　拧盖装置各部分零件

2. 安装步骤

拧盖装置安装步骤见表 2-2-2。

表 2-2-2　拧盖装置安装步骤

步骤及说明	图例		
1. 导杆安装 安装要垂直、牢固	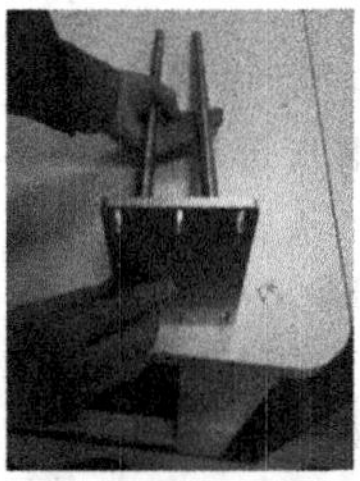		
2. 安装气缸 ① 将气缸支架安装到一根导杆上； ② 将气缸安装在支架上； ③ 安装要紧固		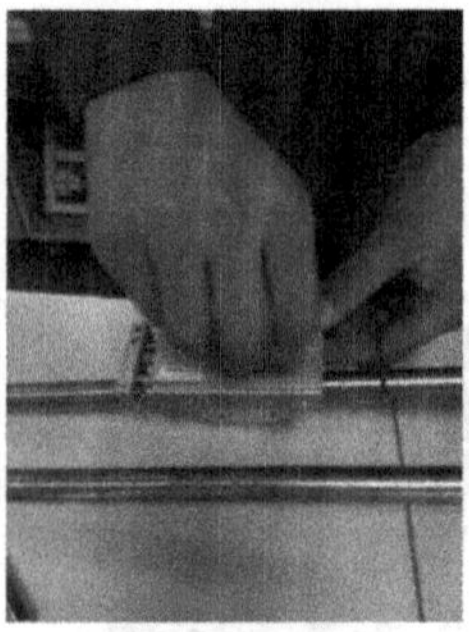	

表 2-2-2(续)

步骤及说明	图例		
3. 安装滑块 将滑块(直线轴承)与气缸连接在一起	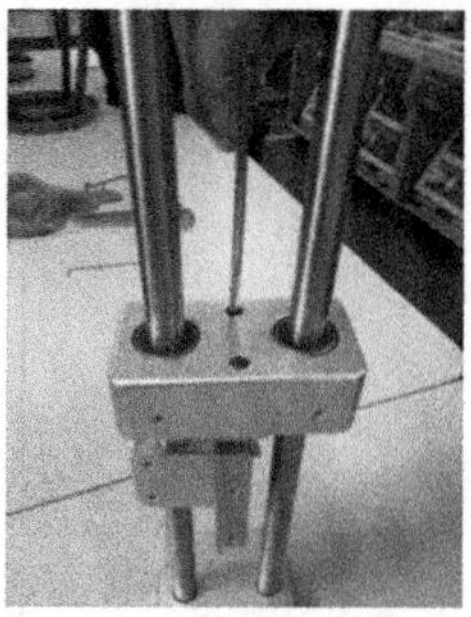		
4. 安装直流电机 ① 首先将直流电机支架安装到滑块上，然后将直流电机固定在支架上； ② 将拧盖旋转头安装到直流电机的转轴上	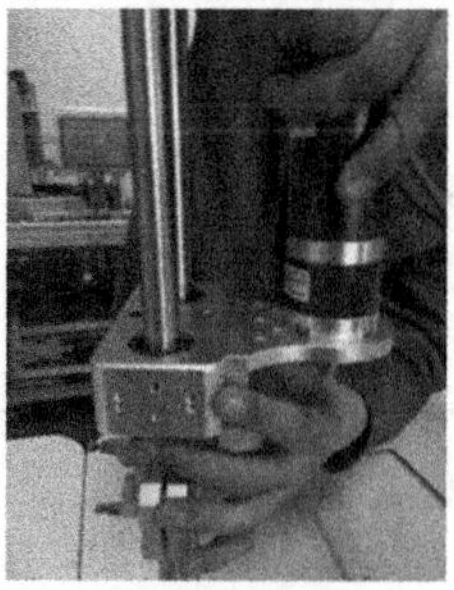	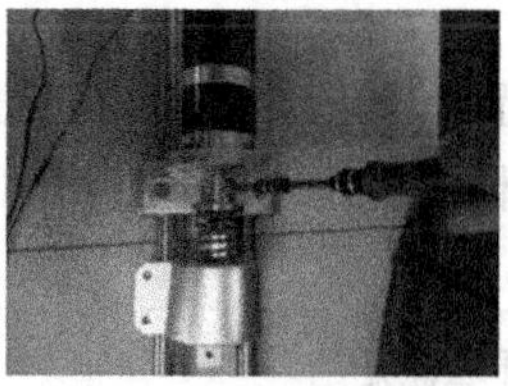	
5. 安装顶板 保证两个导轨平行			
6. 走线板安装 安装走线板之前将各种导线放好	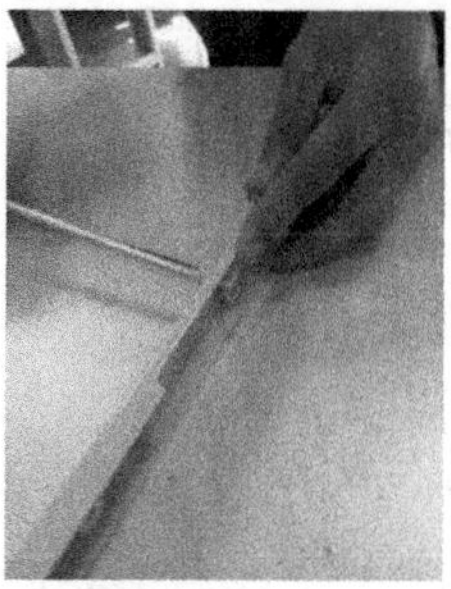	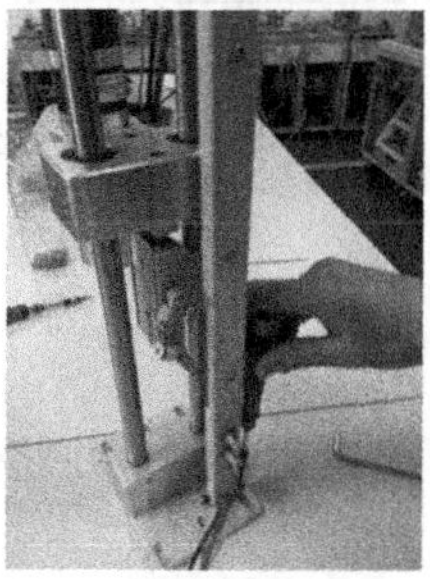	

表 2-2-2(续)

步骤及说明	图例		
7. 电机罩安装 用电机罩将直流电机罩住			

三、桌面布局图

将组装好的加盖装置和拧盖装置以及传送带按照合适的位置安装到型材板上，以组成加盖拧盖单元的机械结构，如图 2-2-6 所示。

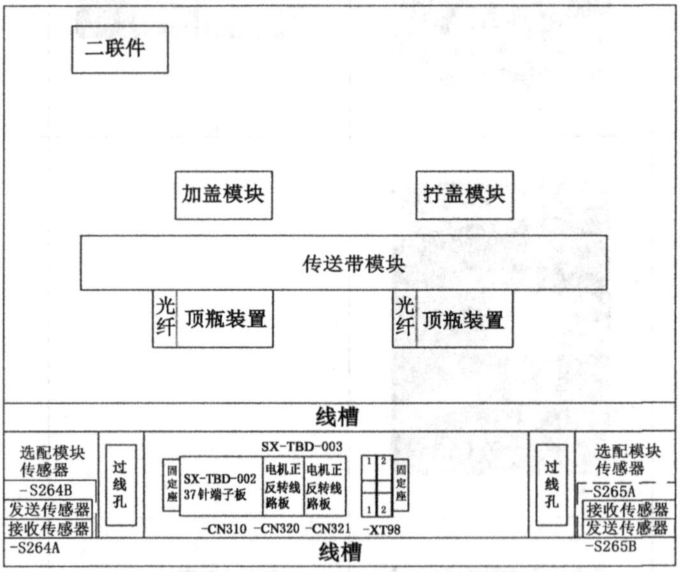

图 2-2-6　加盖拧盖单元机械结构整体图

任务评价

对任务实施的完成情况进行检查，并将结果填入表 2-2-3。

表 2-2-3　任务测评表

序号	主要内容	考核要求	评分标准	配分	扣分	得分
1	加盖装置安装	支架安装正确	1. 螺丝安装不牢固，每个扣 1 分，扣完为止； 2. 气缸安装不牢固，扣 5 分	15		
2		关电开关安装牢固可靠	1. 关电开关太松或太紧，扣 6 分； 2. 传感器安装板错误，扣 4 分	10		
3		安装顺序正确	不按顺序安装，返工每次扣 5 分	10		
4	拧盖装置安装	支架安装正确	1. 螺丝安装不牢固，每个扣 1 分，扣完为止； 2. 气缸安装不牢固，扣 5 分	15		
5		关电开关安装牢固可靠	1. 关电开关太松或太紧，扣 6 分； 2. 传感器安装板错误，扣 4 分	10		
6		安装顺序正确	不按顺序安装，返工每次扣 5 分	10		
7	传送带安装	装置安装牢固	螺丝安装不牢固，每个扣 1 分，扣完为止	10		
8		安装顺序正确	不按顺序安装，返工每次扣 5 分	10		
9	安全文明生产	劳动保护用品穿戴整齐；遵守操作规程；讲文明礼貌；操作结束要清理现场	1. 操作中，违反安全文明生产考核要求的任何一项扣 5 分，扣完为止； 2. 当发现学生有重大事故隐患时，要立即予以制止，并每次扣安全文明生产总分 5 分； 3. 穿戴不整洁，扣 2 分； 4. 设备不还原，扣 5 分； 5. 现场不清理，扣 5 分	10		
合计				100		
开始时间：			结束时间：			

任务二　加盖拧盖单元电路与气路的连接与操作

任务目标

（1）掌握磁性开关、光电开关的结构及工作原理。

（2）掌握气泵和二联件的结构及工作原理。

（3）具备加盖拧盖单元电路连接和气路连接的能力。

任务描述

工厂新进一台为物料瓶填装物料的设备，现需要在了解相关理论知识的基础上，自行安装传送带和加盖拧盖机构，进而将其组装到一起组成加盖拧盖单元，为前置、后续单元电路连接和气路连接提供机械基础。

任务要求

（1）光纤传感器的安装与调试。

（2）气动回路的安装与调试。

任务实施

一、电路的安装

1. I/O 原理图

加盖拧盖单元电路原理图如图 2-2-7 所示。

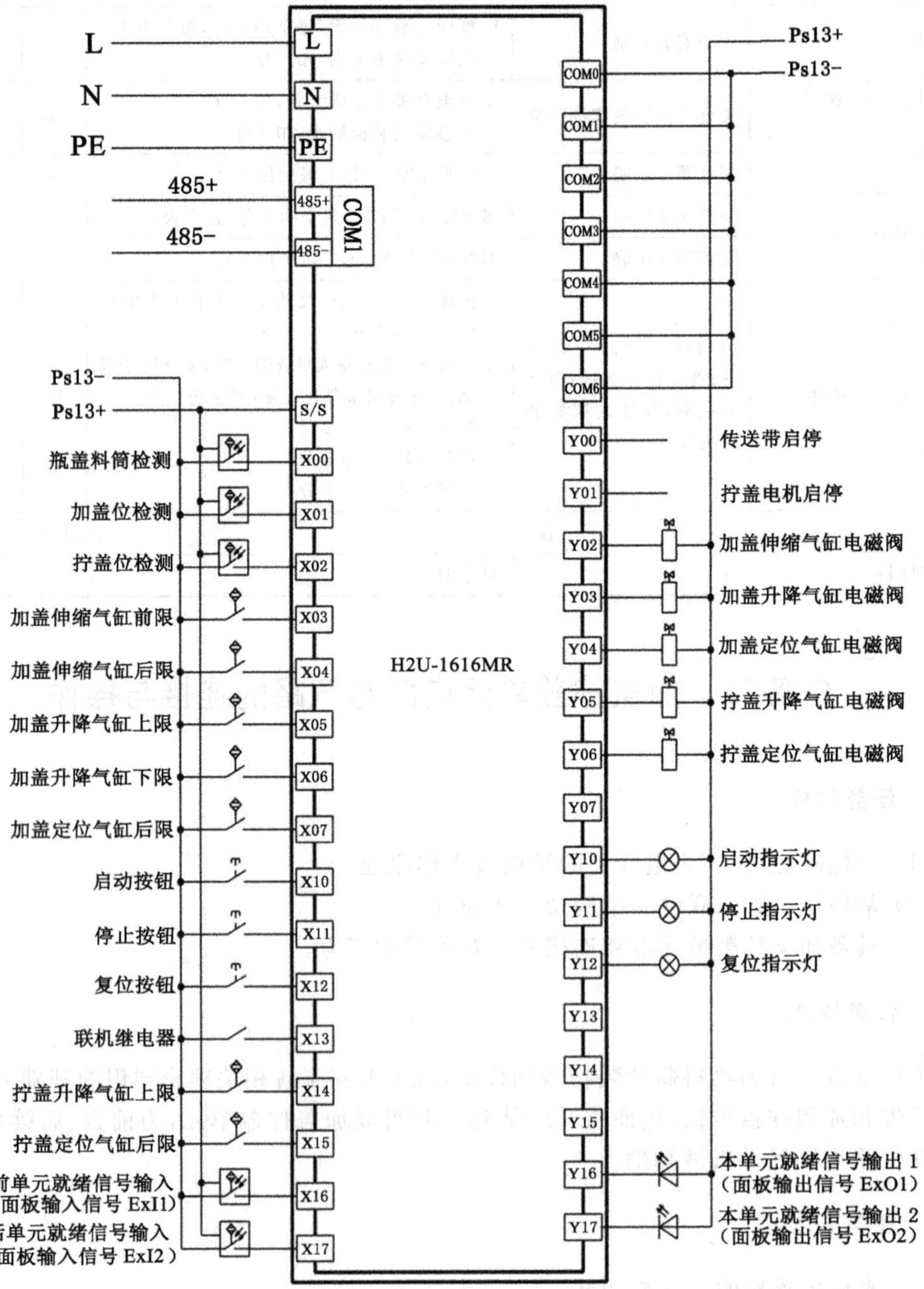

图 2-2-7 加盖拧盖单元电路原理图（PLC 输入、输出信号）

2. 安装实施

(1) 固定电气元件

实施电路接线之前，应该先固定各个电气元件，电气元件布局要合理、固定要牢固，配电控制盘上的各电气元件安装布局与送料单元相似，如图 2-2-8 所示。配电控制盘用槽板分为三个部分：下部左侧主要是漏电保护器和熔断器，右侧是 PLC；中部是 24 V 直流电源；上部为接线端子。

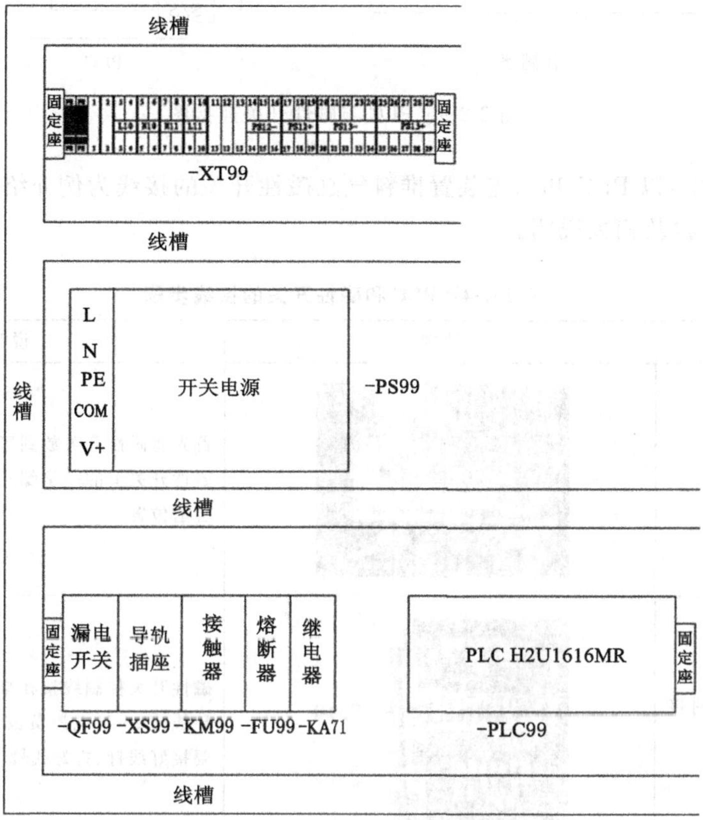

图 2-2-8　配电控制盘电气元件布局

各元件安装说明参照本模块项目一。

(2) 电路连接

电气元件固定牢固后，即可以根据电路原理图进行接线。加盖拧盖单元中，自动化控制的核心元件是 PLC，PLC 的输出端应接电磁阀、变频器，从而去控制直流电机、气路通断或换向、三相交流电机等，这些 PLC 输出信号端各电气元件的连接方法和工艺要求已在项目一中介绍。本项目中介绍 PLC 的输入端应接按钮开关、磁性开关和传感器等，同样导线连接之前要在导线上穿上相应的线号，以便于维修。另外，导线在配电盘和型材板上通过线槽走线。

① 磁性开关与 PLC 的连接

磁性开关 CS1-G 为 NPN 型磁性开关，在本系统中这种传感器主要用于检测气缸活动限位；磁性开关引出线有两根，分别是棕、蓝两色，棕线接 PLC 的输入端，蓝线接 PLC 的 COM 端，如图 2-2-9 所示。

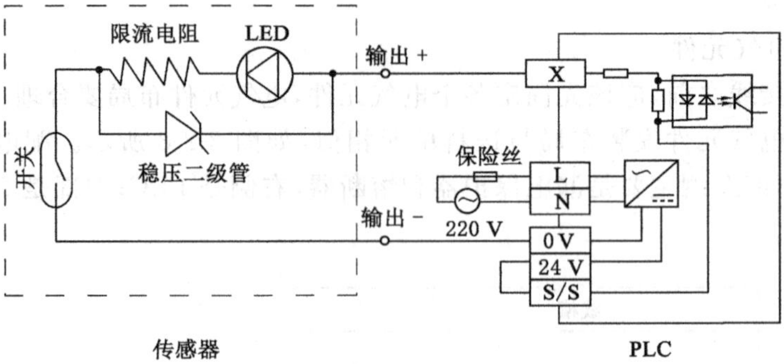

图 2-2-9　PLC 与磁性开关连接图

在表 2-2-4 中，以 PLC 和加盖装置推料气缸磁性开关的接线为例介绍了 PLC 和磁性开关之间的接线步骤及相关说明。

表 2-2-4　PLC 和磁性开关的接线步骤

步骤	图例	说明
1. 固定磁性开关		首先将磁性开关放到气缸的槽内，然后拧紧磁性开关上的一字螺丝，将磁性开关固定在合适位置
2. 将磁性开关接到接线端子板	 CN310	磁性开关控制线接在桌面上的接线板，蓝色导线接 24 V 电源负极，黑色导线接 X03，需要接好线针、打好线号
3. 将 PLC 的 X5 端接到接线端子		将 PLC 的 X5 端通过 W370 公头接到桌面上的 CN310 总接线板，注意不要接错端子号
	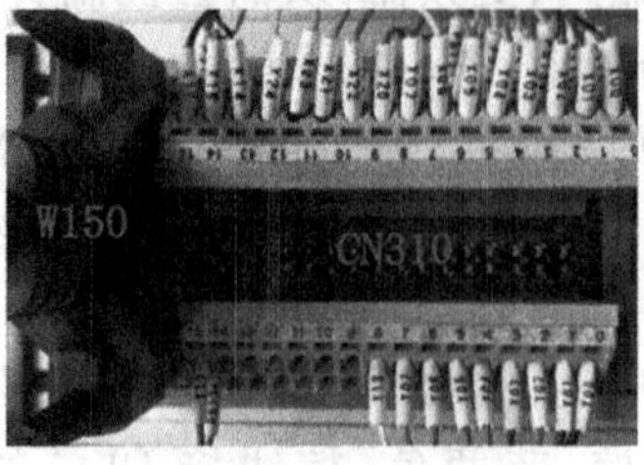	将 CN310 信号通过 W150 公头接到 CN300 接线板上

注意：磁性开关动作时，开关上的指示灯会亮，同时，相应的 PLC 输入端子接收到信号，指示灯也会亮，如果磁性开关指示灯亮了而相应的 PLC 输入端子指示灯未亮，应该考虑可能存在接线错误。

② 光电开关与 PLC 的连接

加盖拧盖单元中，每一个定位气缸之前都有一个用于检测物料瓶到位的光电开关（漫反射光电传感器），我们称之为定位传感器。在表 2-2-5 中，以 PLC 和加盖装置定位气缸之前的定位传感器的接线为例介绍了 PLC 和光电开关的接线步骤及相关说明。其他光电开关与 PLC 的连接可参考此例进行。

表 2-2-5　PLC 和光电开关的接线步骤

步骤	图例	说明
1. 安装光纤探头		将光纤探头安装在定位气缸左侧横梁上，不用拧得过紧，调试时有可能需要调整位置
2. 将光纤安装到光纤放大器中		首先，打开放大器上的盖板，然后按下放大器底部的光纤固定扣，将光纤从放大器底部插入放大器中，最后将光纤固定扣扣好。注意：光纤在使用时严禁拉伸、压缩或者大幅度曲折
3. 将光纤信号控制线接到桌面接线板上		将光纤信号控制线接在桌面上接线板的相应端子上。棕线接 24 V 正极，蓝线接 24 V 负极，黑线接 X01 端子
4. 将 PLC 的 X1 端接到接线端子上		将 PLC 的 X1 端通过 W370 公头接到桌面上的 CN310 总接线板，注意不要接错端子号
	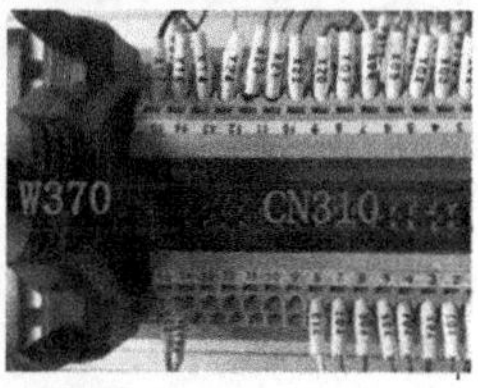	将 CN310 信号通过 W151 公头接到 CN301 接线板上

光电传感器安装完成以后，通过在放大器上调整模式输出和设定值来进行调试，加盖拧盖单元所使用的光纤放大器如图 2-2-10 所示。设定值的大小可以根据环境的变化、具体的要求来设定。但光纤头安装时应注意，光纤线严禁大幅度曲折。如是校准移动的工件，在未放置工件的情况下按住“设置按钮(SET)”，当显示屏上“SET”闪烁时，令工件穿过感应区域，当工件完全穿过感应区域再松开“设置按钮(SET)”；如需微调设定值，按“灵敏度调节按钮”的加减进行调节；如需切换模式输出，按“MODE”按钮，再按加减按钮选择“L-ON”或“D-ON”，然后再按一次“MODE”按钮，即设置完成。

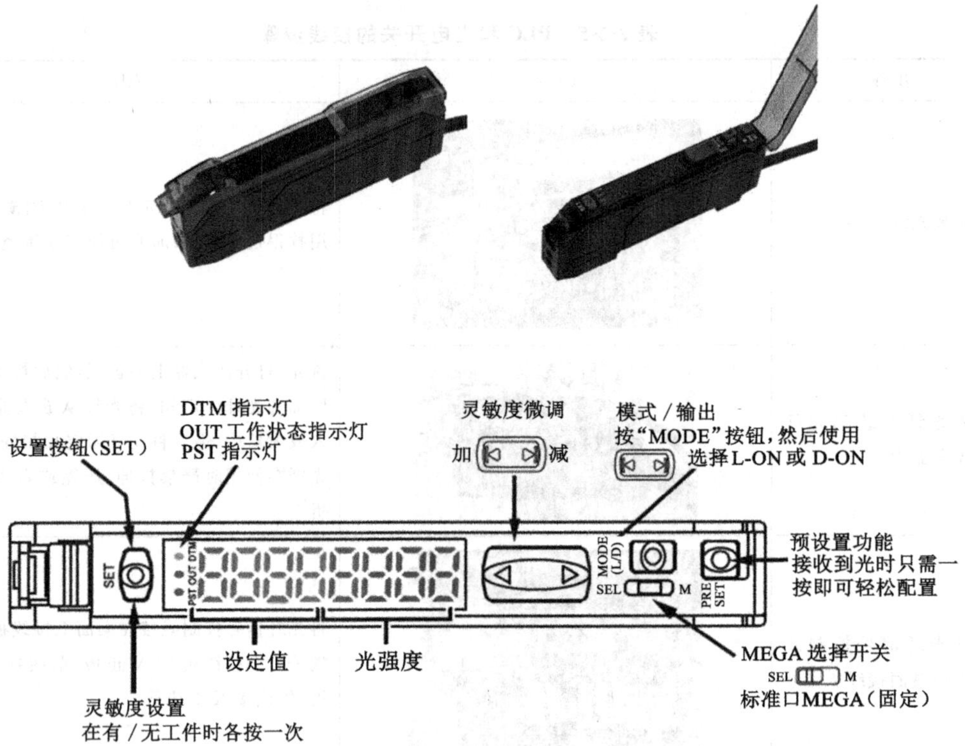

图 2-2-10　光纤放大器

二、气路安装

1. 气路安装图

气路安装图如 2-2-11 所示。

2. 安装步骤

气路的安装步骤见表 2-2-6。

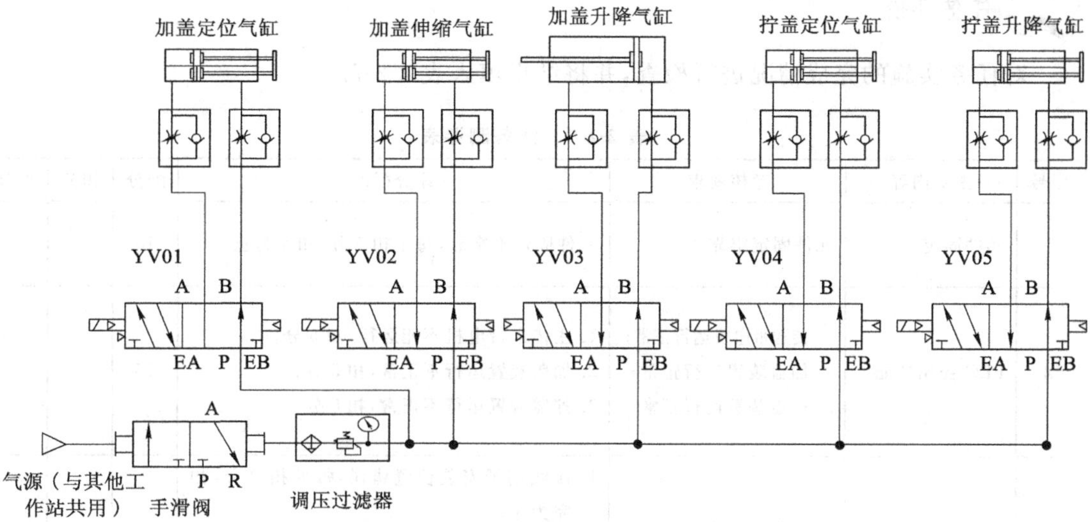

图 2-2-11　加盖拧盖单元气路图

表 2-2-6　气路的安装步骤

步骤	图例	说明
1. 安装气动单联件		将气动单联件安装到桌面的一角，主气管安装要方便和不影响设备正常工作
2. 安装电磁阀气管		参照项目一相关说明
3. 将电磁阀用气管接到气缸的节流阀		参照项目一相关说明

任务评价

对任务实施的完成情况进行检查,并将结果填入表 2-2-7。

表 2-2-7 任务测评表

序号	主要内容	考核要求	评分标准	配分	扣分	得分
1	元件固定	元件固定牢靠	元件固定不牢靠,每个扣 5 分,扣完为止	10		
2	PLC 控制功能	1. 传送带电机运行正常; 2. 加盖装置运行正常; 3. 拧盖装置运行正常	1. 主传送带电机不能运行,扣 5 分; 2. 加盖装置运行不正常,扣 5 分; 3. 拧盖装置运行不正常,扣 5 分	15		
3	导线安装	接线端子安装正确	1. 接线端子安装位置错误,每处扣 2 分,扣完为止; 2. 接线端子安装不紧固,每处扣 1 分,扣完为止	10		
4	线槽固定	线槽安装牢靠,导线出线槽整齐	1. 线槽安装不结实,每处扣 3 分,扣完为止; 2. 导线出线槽不整齐,每处扣 3 分,扣完为止	10		
5	导线压针形端子	1. 针形端子压接牢固; 2. 导线长短合适; 3. 针形端子大小合适	1. 针形端子压接不紧,每个扣 2 分; 2. 导线漏铜,每处扣 1 分; 3. 针形端子大小不合适,每个扣 1 分	10		
6	导线穿线号	导线两端穿上相同线号	导线不穿线号,每处扣 1 分,扣完为止	10		
7	气管连接	气管连接正确	1. 气管连接错误,每处扣 5 分; 2. 气管连接漏气,每处扣 3 分	15		
8	气管固定	1. 马蹄形固定座安装牢靠; 2. 气管绑扎松紧合适	1. 马蹄形固定座安装不牢靠,每个扣 2 分,扣完为止; 2. 气管绑扎太松或太紧,每个扣 2 分,扣完为止	10		
9	安全文明生产	劳动保护用品穿戴整齐;遵守操作规程;讲文明礼貌;操作结束要清理现场	1. 操作中,违反安全文明生产考核要求的任何一项扣 5 分,扣完为止; 2. 当发现学生有重大事故隐患时,要立即予以制止,并每次扣安全文明生产总分 5 分; 3. 穿戴不整洁,扣 2 分; 4. 设备不还原,扣 5 分; 4. 现场不清理,扣 5 分	10		
合计				100		
开始时间:			结束时间:			

任务三　加盖拧盖单元编程与调试

任务目标

(1) 明确梯形图的特点和构成要素。

(2) 学会 PLC 的步进指令及用法。

(3) 具备利用步进指令编写和调试加盖拧盖单元程序的能力。

任务描述

在上两个任务中，我们已将设备的机械部分进行了组装，并将电路和气路部分进行了组装，现需要在了解相关理论知识的基础上，根据设备运行的要求编写 PLC 程序并进行调试，使其能够正常运行。

任务要求

(1) 作出加盖拧盖单元系统控制的流程图。

(2) 编写与调试 PLC 控制程序。

任务实施

一、绘制 I/O 分配表

I/O 分配表是绘制 PLC 接线图和编写 PLC 程序的依据，若 PLC 已经完成接线，则 I/O 分配表应该与 PLC 接线图保持一致。加盖拧盖单元的 I/O 分配表见表 2-2-8。

表 2-2-8　I/O 分配表

序号	PLC 输入或输出端子	输入或输出设备	功能描述	备注
1	X0	瓶盖料筒传感器	瓶盖料筒传感器感应到瓶盖，X0 闭合	
2	X1	加盖位传感器(漫反射光电开关)	加盖位传感器感应到物料，X1 闭合	
3	X2	拧盖位传感器(漫反射光电开关)	拧盖位传感器感应到物料，X2 闭合	
4	X3	加盖伸缩气缸前限(磁性开关)	加盖伸缩气缸伸出前限位感应，X3 闭合	
5	X4	加盖伸缩气缸后限(磁性开关)	加盖伸缩气缸缩回后限位感应，X4 闭合	
6	X5	加盖升降气缸上限(磁性开关)	加盖升降气缸上限位感应，X5 闭合	
7	X6	加盖升降气缸下限(磁性开关)	加盖升降气缸下限位感应，X6 闭合	
8	X7	加盖定位气缸后限(磁性开关)	加盖定位气缸后限位感应，X7 闭合	
9	X10	启动按钮	按下启动按钮，X10 闭合	

表 2-2-8(续)

序号	PLC 输入或输出端子	输入或输出设备	功能描述	备注
10	X11	停止按钮	按下停止按钮,X11 闭合	
11	X12	复位按钮	按下复位按钮,X12 闭合	
12	X13	联机按钮	按下联机按钮,X13 闭合	
13	X14	拧盖升降气缸上限(磁性开关)	拧盖升降气缸上限位感应,X14 闭合	
14	X15	拧盖定位气缸后限(磁性开关)	拧盖定位气缸后限位感应,X15 闭合	
15	X16	前单元就绪传感器	前单元就绪信号输入,X16 闭合	
16	X17	后单元就绪传感器	后单元就绪信号输入,X17 闭合	
17	Y0	加盖拧盖传送带	Y0 闭合,加盖拧盖传送带运行	
18	Y1	拧盖电机	Y1 闭合,拧盖电机运行	
19	Y2	加盖伸缩气缸(电磁阀)	Y2 闭合,加盖伸缩气缸伸出	
20	Y3	加盖升降气缸(电磁阀)	Y3 闭合,加盖升降气缸下降	
21	Y4	加盖定位气缸(电磁阀)	Y4 闭合,加盖定位气缸伸出	
22	Y5	拧盖升降气缸(电磁阀)	Y5 闭合,拧盖升降气缸下降	
23	Y6	拧盖定位气缸(电磁阀)	Y6 闭合,拧盖定位气缸伸出	
24	Y10	启动指示灯	Y10 闭合,启动指示灯亮	
25	Y11	停止指示灯	Y11 闭合,停止指示灯亮	
26	Y12	复位指示灯	Y12 闭合,复位指示灯亮	
27	Y16	本单元就绪传感器	Y16 闭合,本单元就绪输出 1	
28	Y17	本单元就绪传感器	Y17 闭合,本单元就绪输出 2	

二、PLC 程序编写

列好 I/O 分配表后,根据加盖拧盖单元的任务要求编写程序。任务要求具体为:操作人员将物料瓶放到输送带上(或者上一个单元将物料瓶输送到输送带上),瓶子被输送到加盖模块下,加盖位顶瓶装置将瓶子固定,加盖机构启动加盖流程,将盖子(白色或蓝色)加到瓶子上;加上盖子的瓶子继续被送往拧盖机构,到拧盖模块下方,拧盖位顶瓶装置将瓶子固定,拧盖机构启动,将瓶盖拧紧。

程序编写要依据 I/O 分配表和工作要求,不同的思路有不同的编程方法,下面给出了加盖拧盖单元系统控制的程序流程图,如图 2-2-12 所示,其中加盖部分 PLC 子程序如图 2-2-13 所示。

请根据加盖拧盖单元任务要求编写出加盖拧盖单元的完整程序,并下载到 PLC 中进行调试,实现工作任务。

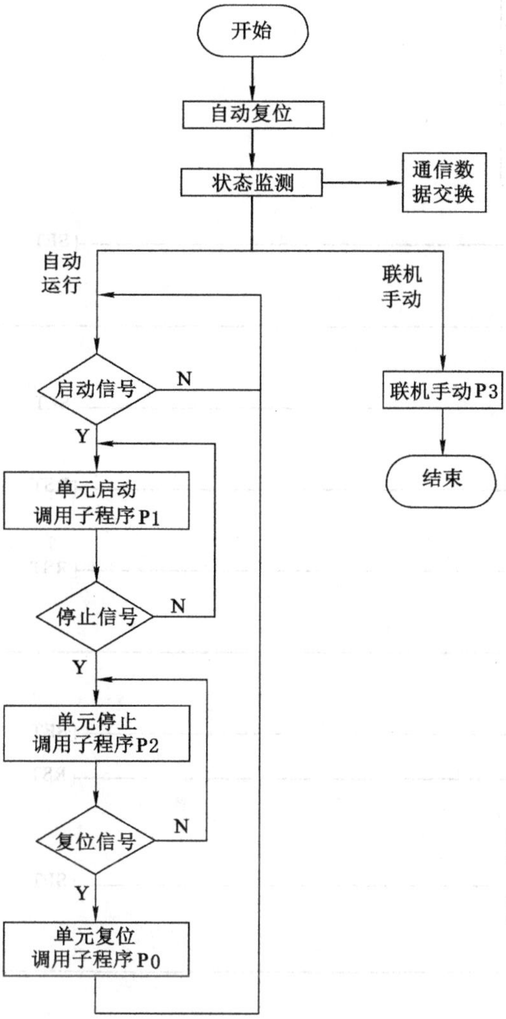

(a) 主程序

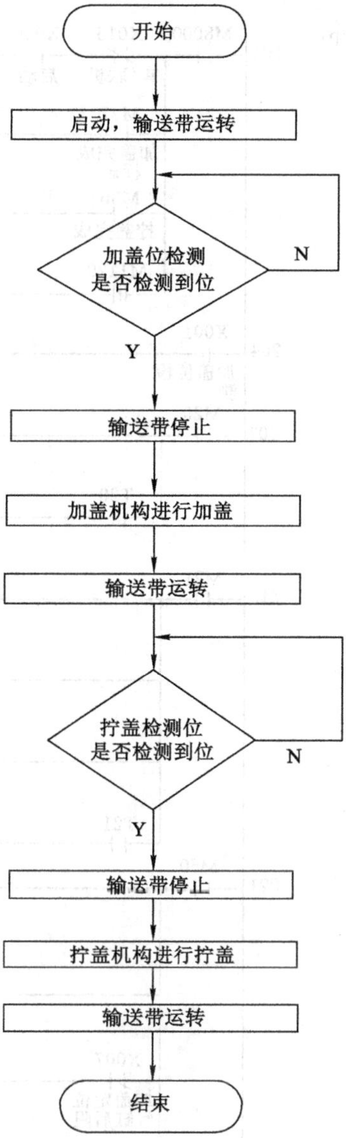

(b) 自动运行子程序

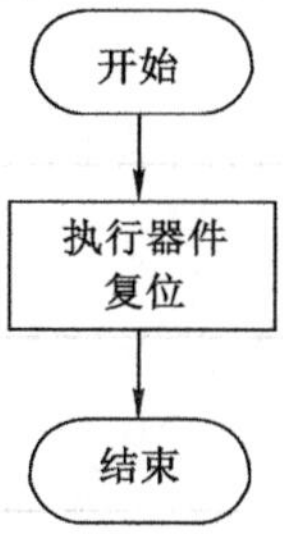

(c) 复位子程序

图 2-2-12 加盖拧盖单元系统控制的程序流程图

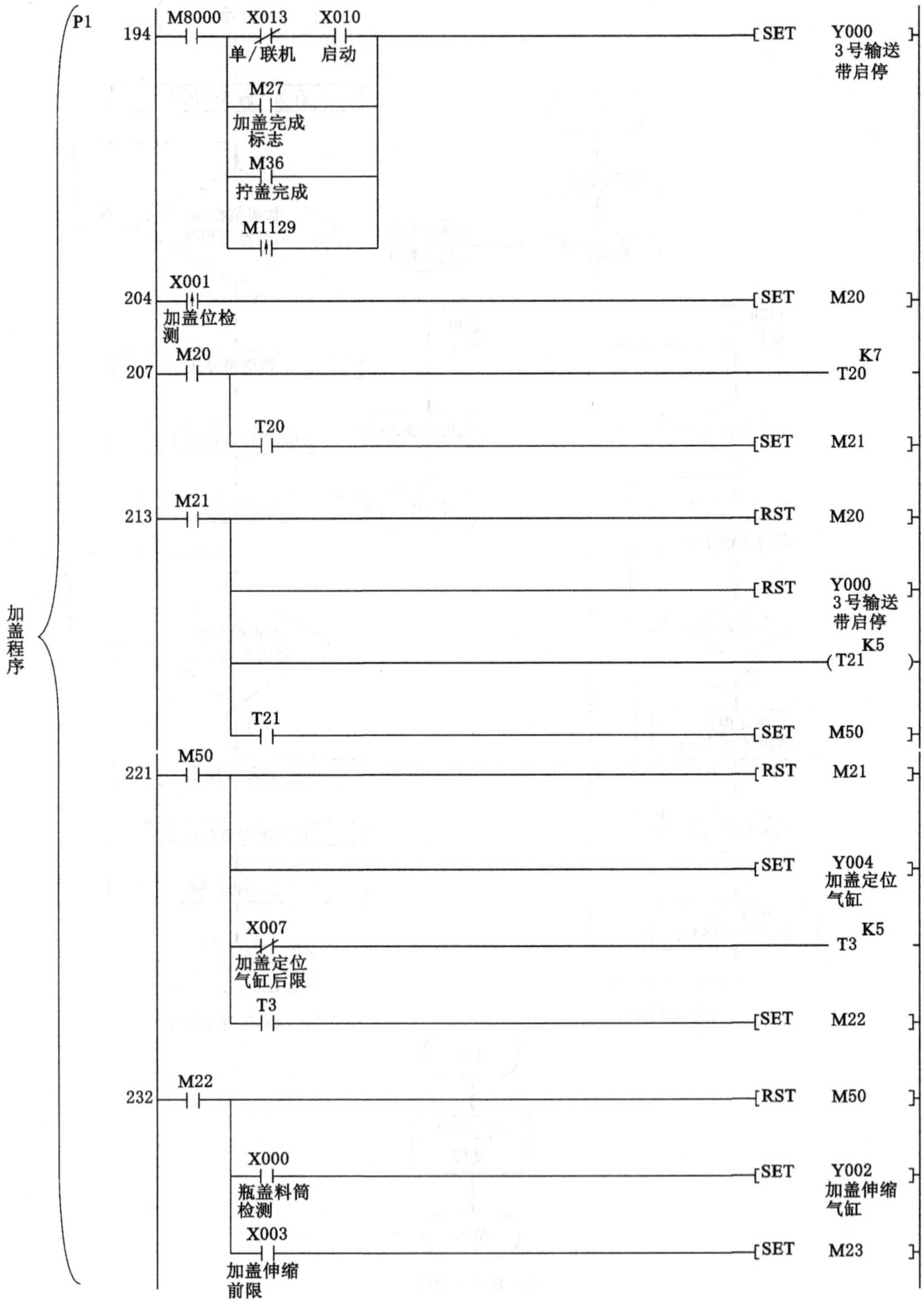

(a)

图 2-2-13　加盖部分 PLC 子程序

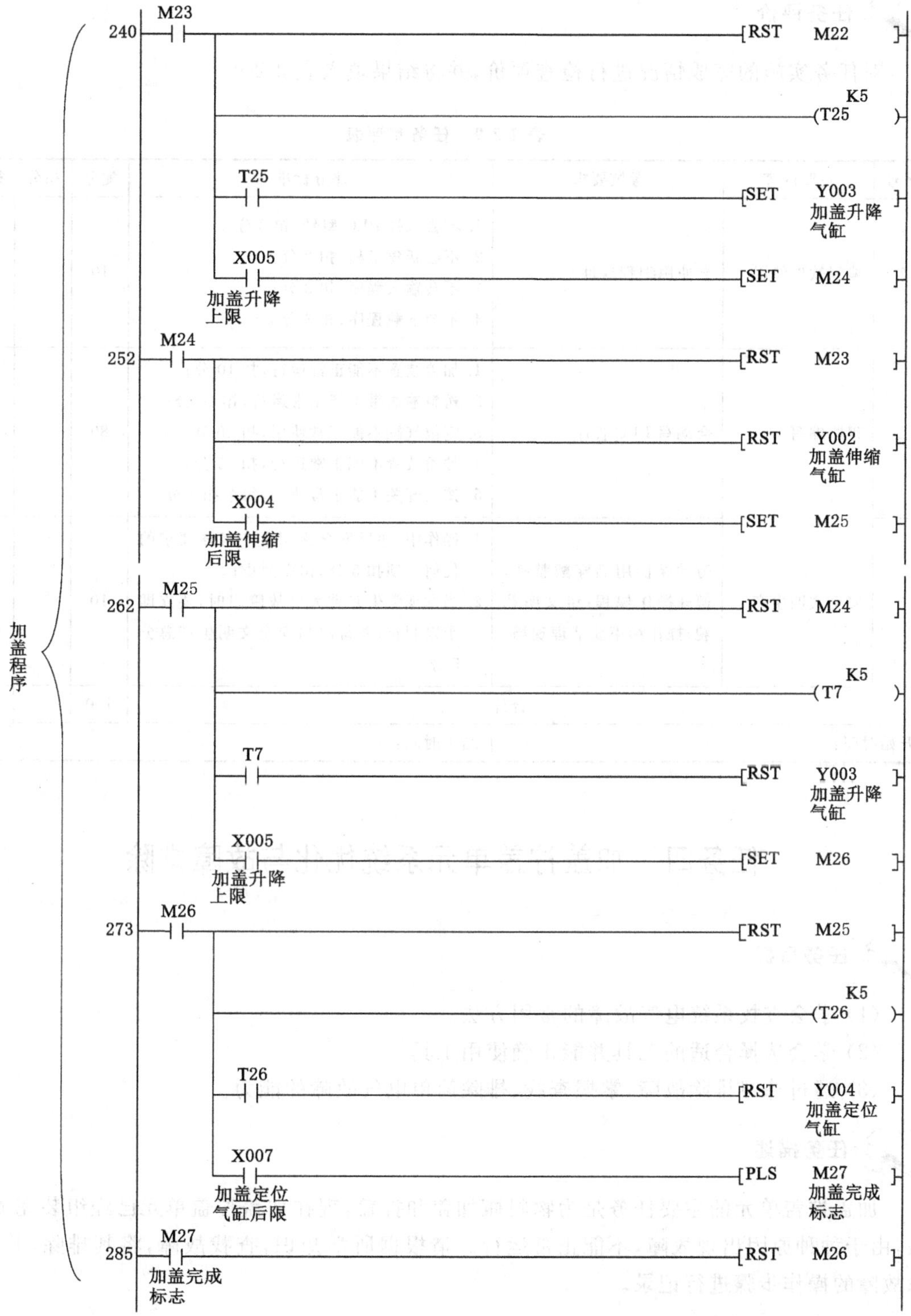

加盖程序
240
M23
RST M22
K5
T25
T25
SET Y003 加盖升降气缸
X005
加盖升降上限
SET M24
252
M24
RST M23
RST Y002 加盖伸缩气缸
X004
加盖伸缩后限
SET M25
262
M25
RST M24
K5
T7
T7
RST Y003 加盖升降气缸
X005
加盖升降上限
SET M26
273
M26
RST M25
K5
T26
T26
RST Y004 加盖定位气缸
X007
加盖定位气缸后限
PLS M27 加盖完成标志
285
M27
加盖完成标志
RST M26

(b)

图 2-2-13(续)

任务评价

对任务实施的完成情况进行检查评价，并将结果填入表 2-2-9。

表 2-2-9　任务测评表

序号	主要内容	考核要求	评分标准	配分	扣分	得分
1	编程软件使用	会使用编程软件	1. 不会选择 PLC 型号，扣 2 分； 2. 不会新建工程，扣 2 分； 3. 不会输入程序，扣 3 分； 4. 不会下载程序，扣 3 分	10		
2	程序编写	会编写 PLC 程序	1. 加盖装置不能正常运行，扣 10 分； 2. 送料输送带不能正常运行，扣 10 分； 3. 定位气缸不能正常使用，扣 10 分； 4. 拧盖装置不能正常运行，扣 10 分； 5. 按钮开关不能正常使用，每个扣 1 分	80		
3	安全文明生产	劳动保护用品穿戴整齐；遵守操作规程；讲文明礼貌；操作结束要清理现场	1. 操作中，违反安全文明生产考核要求的任何一项扣 5 分，扣完为止； 2. 当发现学生有重大事故隐患时，要立即予以制止，并每次扣安全文明生产总分 5 分	10		
合计				100		
开始时间：			结束时间：			

任务四　加盖拧盖单元系统优化与故障排除

任务目标

(1) 学会查找系统电气故障的常用方法。

(2) 学会选择合适的工具并能正确使用工具。

(3) 通过练习排除故障，掌握查找、排除简单电气故障的能力。

任务描述

加盖拧盖单元的主要任务是为物料瓶加盖和拧盖，现在加盖拧盖单元已经组装完成，但是，由于种种原因出现故障，不能正常运行。请根据所学知识，查找故障，将其排除，并将排除故障的操作步骤进行记录。

任务要求

(1) 排除机械故障。

(2) 排除电气故障。

任务实施

一、故障一

1. 故障现象

按下“启动”按钮后，单元传送带打晃、打滑、发抖。

2. 故障分析

首先，通过观察排除电气故障，确定线路安装正常后，考虑机械故障的可能。然后，检查电机与传送带的联轴器是否装紧或松动，检查电机与传送带的同轴度，检查传送带水平度及松紧度。

请根据实际排除故障操作填写表 2-2-10。

表 2-2-10　排除故障操作记录卡

故障现象	
故障排除的方法	
故障排除的步骤	
结论	

二、故障二

1. 故障现象

物料瓶运行到加盖位置后，定位气缸不动。

2. 故障分析

首先，打开气源，按下定位电磁阀上的旋钮，如果定位气缸能够正常动作，说明气路正常。然后，观察程序，如果程序中定位气缸动作对应的元件得电，说明 PLC 输出信号正常，但是输出信号没有最终输送到电磁阀，可以考虑故障范围是 PLC 和电磁阀之间的连线不正确。

请根据实际排除故障操作填写表 2-2-11。

表 2-2-11　排除故障操作记录卡

故障现象	
故障排除的方法	
故障排除的步骤	
结论	

三、故障三

1. 故障现象

物料瓶到达拧盖位置后，拧盖电机不动。

2. 故障分析

首先，打开气源，按下填充装置升降电磁阀上的旋钮，如果升降气缸能够正常动作，说明气路正常。然后，观察程序，如果 PLC 程序没有错误，可以考虑是控制直流电机的继电器发生故障。

请根据实际排除故障操作填写表 2-2-12。

表 2-2-12 排除故障操作记录卡

故障现象	
故障排除的方法	
故障排除的步骤	
结论	

任务评价

对任务实施的完成情况进行检查评价，并将结果填入表 2-2-13。

表 2-2-13 任务测评表

序号	主要内容	考核要求	评分标准	配分	扣分	得分
1	工具使用	正确使用工具	使用工具不正确，扣 10 分	10		
2	方法使用	正确使用方法	1. 不会直观观察，扣 10 分； 2. 不会电压法，扣 10 分； 3. 不会电流法，扣 10 分	30		
3	排除故障思路	思路清晰	1. 排除故障思路不清晰，扣 10 分； 2. 故障范围扩大，扣 20 分	30		
4	故障排除	正确排除故障	只能找到故障，不能排除故障或排除方法不对，扣 20 分	20		
5	安全文明生产	劳动保护用品穿戴整齐；遵守操作规程；讲文明礼貌；操作结束要清理现场	1. 操作中，违反安全文明生产考核要求的任何一项扣 5 分，扣完为止； 2. 当发现学生有重大事故隐患时，要立即予以制止，并每次扣安全文明生产总分 5 分	10		
合计				100		
开始时间：			结束时间：			

项目三　检测分拣单元的安装与调试实训

SX-815Q 型机电一体化综合实训考核装置的第三个单元是检测分拣单元。通过学习项目三，学生可以对检测分拣单元的机械部件进行组装，进而了解检测装置的结构，对检测分拣单元电路和气路进行连接且编写程序进行调试，从而实现检测分拣单元的工作流程。

SX-815Q 型机电一体化综合实训考核装置中的检测分拣单元及部件明细如图 2-3-1 所示。具体工作流程是：瓶子被输送到检测模块下，拧盖完成的瓶子经过此单元进行检测；回归反射传感器检测瓶盖是否拧紧；龙门机构检测瓶子内部颗粒是否符合要求（根据自己需要检测的颗粒对传感器进行调节）；对拧盖与颗粒均合格的瓶子进行瓶盖颜色判别区分；拧盖或颗粒不合格的瓶子被分拣机构推送到废品输送带（2 号输送带）上；拧盖与颗粒均合格的瓶子被输送到主输送带（1 号输送带）末端，等待机器人搬运。

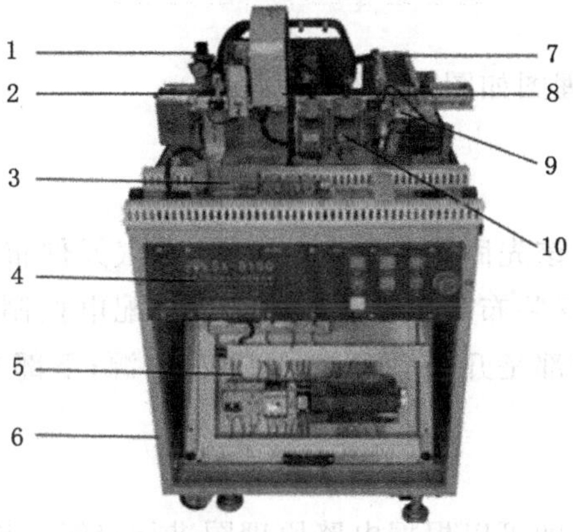

1—单联气源组件；2—1 号输送带机构；3—组件 37 针端子板；4—控制按钮面板；5—挂板电气元件；6—桌体；7—2 号输送带机构；8—龙门检测机构；9—双轴气缸；10—组件 15 针端子板。

图 2-3-1　检测分拣单元整体图

任务一　检测分拣单元电路与气路的连接与操作

任务目标

（1）掌握检测分拣单元控制系统的硬件组成结构图。

(2) 熟练绘制和连接检测分拣单元的 PLC 电气接线图。

(3) 掌握红外传感器和光纤传感器的性能和使用方法。

(4) 掌握检测分拣单元检测方法。

任务描述

检测分拣单元主要任务是对瓶盖高度、颜色与物料进行检测,进而分拣出合格与不合格的产品,现在请在了解相关理论知识的基础上,根据电路原理图和气路原理图对设备的电路和气路按照工艺要求进行连接和组装,进而为后续设备编程、调试提供条件。

任务要求

(1) 检测分拣单元电气元件安装与电路连接。

(2) 检测分拣单元气路连接与调试。

(3) 检测分拣单元光纤传感器的参数设置。

任务实施

一、电路安装

1. 电路原理图

检测分拣单元电路原理图如图 2-3-2 所示。

2. 安装实施

(1) 固定电气元件

实施电路接线之前,应该先固定各个电气元件,电气元件布局要合理、固定要牢固,配电控制挂板上的各电气元件安装布局如图 2-3-3 所示。配电控制挂板分为三个部分:上部主要是接线端子和接线板;中部是开关电源 24 V 直流电源;下部左侧主要是漏电保护器和熔断器,右侧是 PLC。

(2) 电路连接

电气元件固定牢固后,即可以根据电路原理图进行接线。检测分拣单元中,自动化控制的核心元件是 PLC,PLC 的输出端与电磁阀、直流电机等各电气元件的连接方法和工艺要求参照本模块项目一中的介绍;PLC 的输入端与磁性开关和传感器等各电气元件的连接方法和工艺要求参照项目二中的介绍,此处不再赘述。

二、气路安装

1. 气路安装图

电路原理图是电路安装的依据,而安装气路需要依据气路原理图。所以,安装气路之前要仔细阅读气路原理图,根据气路原理图安装气路,图 2-3-4 所示为本单元的气路原理图。

2. 气路安装

气动元件与电磁阀的安装方法及接线要求参照本模块项目一与项目二中的详细说明。

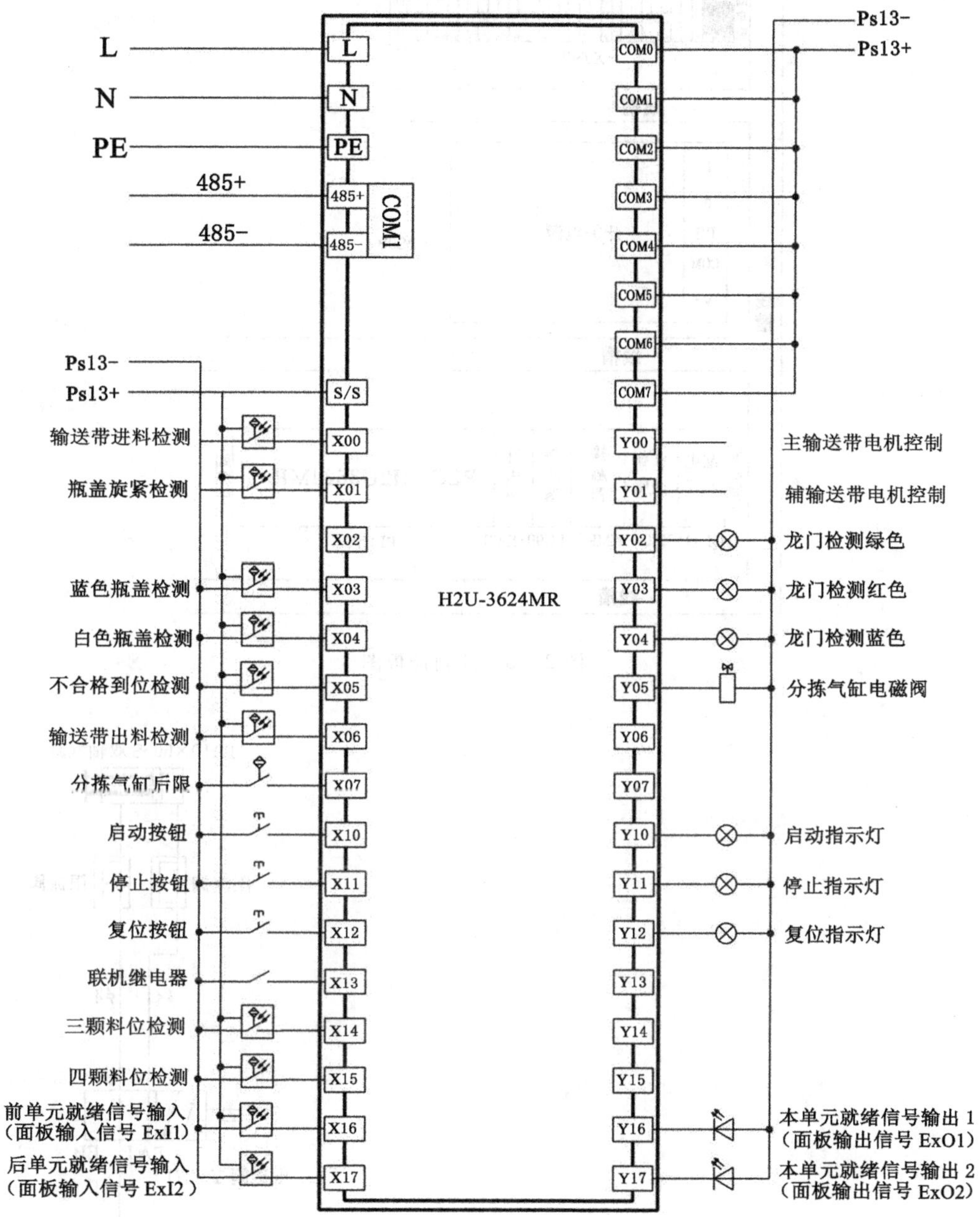

图 2-3-2 检测分拣单元电路原理图（PLC 输入、输出信号）

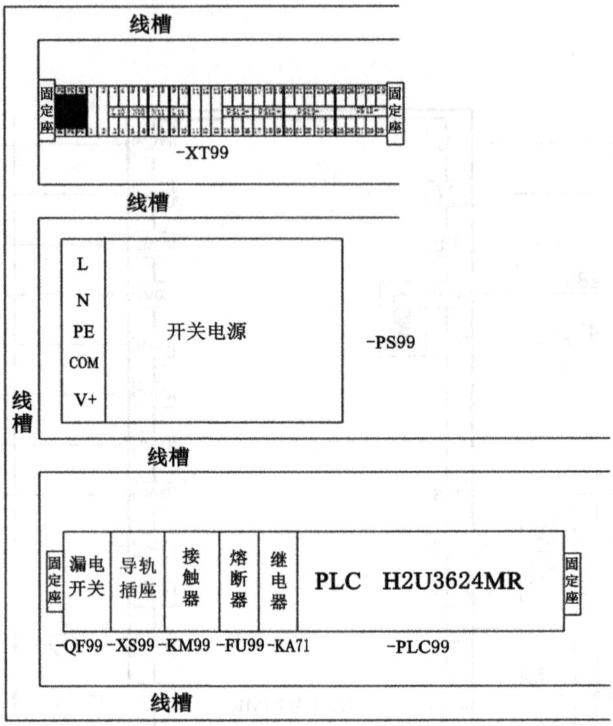

图 2-3-3 控制挂板图

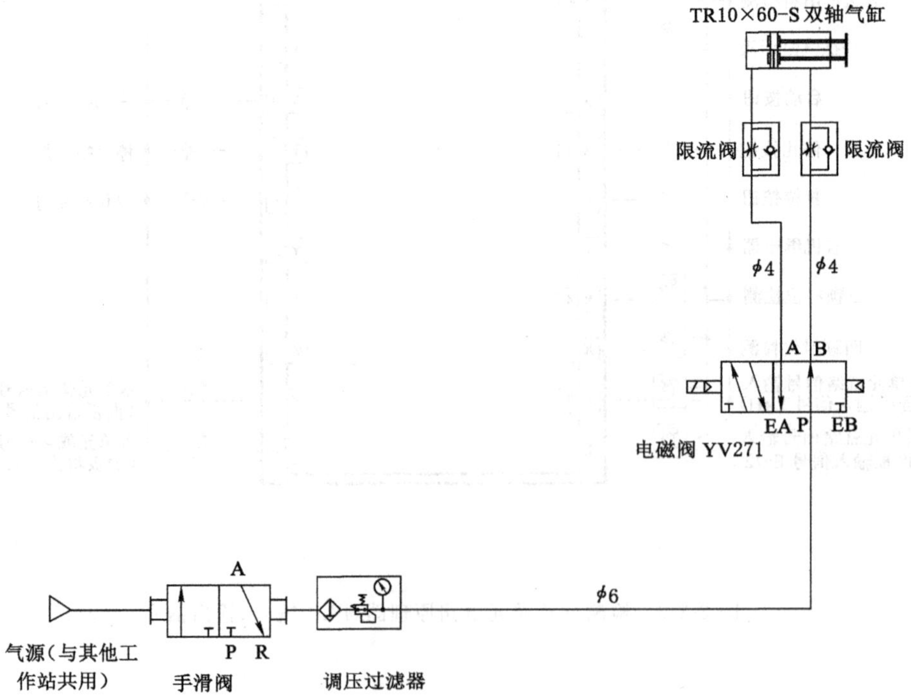

图 2-3-4 气路原理图

任务评价

对任务实施的完成情况进行检查，并将结果填入表 2-3-1。

表 2-3-1　任务测评表

序号	主要内容	考核要求	评分标准	配分	扣分	得分
1	元件固定	元件固定牢靠	元件固定不牢靠，每个扣 5 分，扣完为止	10		
2	PLC 控制电机功能	1. 主输送带电机运行正常； 2. 辅输送带电机运行正常	1. 主输送带电机不能运行，扣 5 分； 2. 辅输送带电机不能运行，扣 5 分	10		
3	料瓶检测	1. 瓶盖旋紧检测正常； 2. 瓶内物料检测正常； 3. 瓶盖有无检测正常	1. 瓶盖旋紧检测不正常，扣 6 分； 2. 瓶内物料检测不正常，扣 5 分； 3. 瓶盖有无检测不正常，扣 5 分	16		
4	导线安装	接线端子安装正确	1. 接线端子安装位置错误，每处扣 2 分，扣完为止； 2. 接线端子安装不紧固，每处扣 1 分，扣完为止	10		
5	线槽固定	线槽安装牢靠，导线出线槽整齐	1. 线槽安装不结实，每处扣 3 分，扣完为止； 2. 导线出线槽不整齐，每处扣 3 分，扣完为止	10		
6	导线压针形端子	1. 针形端子压接牢固； 2. 导线长短合适； 3. 针形端子大小合适	1. 针形端子压接不紧，每个扣 2 分； 2. 导线漏铜，每处扣 1 分； 3. 针形端子大小不合适，每个扣 1 分	10		
7	导线穿线号	导线两端穿上相同线号	导线不穿线号，每处扣 1 分，扣完为止	10		
8	气管连接	气管连接正确	1. 气管连接错误，每处扣 1 分； 2. 气管连接漏气，每处扣 1 分	4		
9	气管固定	1. 马蹄形固定座安装牢靠； 2. 气管绑扎松紧合适	1. 马蹄形固定座安装不牢靠，每个扣 2 分，扣完为止； 2. 气管绑扎太松或太紧，每个扣 2 分，扣完为止	10		
10	安全文明生产	劳动保护用品穿戴整齐；遵守操作规程；讲文明礼貌；操作结束要清理现场	1. 操作中，违反安全文明生产考核要求的任何一项扣 5 分，扣完为止； 2. 当发现学生有重大事故隐患时，要立即予以制止，并每次扣安全文明生产总分 5 分； 3. 穿戴不整洁，扣 2 分； 4. 设备不还原，扣 5 分； 5. 现场不清理，扣 5 分	10		
合计				100		
开始时间：			结束时间：			

任务二　检测分拣单元编程与调试

任务目标

掌握检测分拣单元控制系统的 PLC 软件组成模块及编程思想。

任务描述

在上两个任务中，我们已将设备的机械部分进行组装，并将电路和气路部分进行了组装，现需要在了解相关理论知识的基础上，根据设备运行的要求编写 PLC 程序，调节光纤放大器，使传感器检测的结果准确无误，以便于把数据传送给机器人并让其做出正确的动作。

任务要求

(1) 根据工作要求作出程序流程图。

(2) 根据 I/O 分配表、程序流程图，从安全、高效、稳定可靠的角度编写 PLC 控制程序。

任务实施

一、I/O 分配表

列 I/O 分配表就是将每一个输入设备对应一个 PLC 的输入点，将每一个输出设备对应一个 PLC 的输出点，列成表格形式，明确表示各自相互对应关系。I/O 分配表是绘制 PLC 接线图和编写 PLC 程序的依据，若 PLC 已经完成接线，则 I/O 分配表应该与 PLC 接线图保持一致。检测分拣单元的 I/O 分配表见表 2-3-2。

表 2-3-2　I/O 分配表

序号	PLC 输入或输出端子	输入或输出设备	功能描述	备注
1	X0	输送带进料检测	进料检测传感器感应到物料，X0 闭合	
2	X1	瓶盖旋紧检测	旋紧检测传感器感应到瓶盖，X1 闭合	
3	X3	蓝色瓶盖检测	瓶盖颜色传感器感应到蓝色，X3 闭合	
4	X4	白色瓶盖检测	瓶盖颜色传感器感应到白色，X4 闭合	
5	X5	不合格到位检测	不合格到位传感器感应到物料，X5 闭合	
6	X6	输送带出料检测	出料检测传感器感应到物料，X6 闭合	
7	X7	分拣气缸后限	分拣气缸退回限位感应，X7 闭合	
8	X10	启动按钮	按下启动按钮，X10 闭合	
9	X11	停止按钮	按下停止按钮，X11 闭合	
10	X12	复位按钮	按下复位按钮，X12 闭合	
11	X13	联机按钮	按下联机按钮，X13 闭合	
12	X14	三颗料位检测	三颗料位检测，X14 闭合	
13	X15	四颗料位检测	四颗料位检测，X15 闭合	

表 2-3-2(续)

序号	PLC 输入或输出端子	输入或输出设备	功能描述	备注
14	X16	前单元就绪传感器	前单元就绪信号输入,X16 闭合	
15	X17	后单元就绪传感器	后单元就绪信号输入,X17 闭合	
16	Y0	主输送带电机控制	Y0 闭合,主输送带运行	
17	Y1	辅输送带电机控制	Y1 闭合,辅输送带运行	
18	Y2	龙门检测红色	Y2 闭合,龙门灯带红灯点亮	
19	Y3	龙门检测蓝色	Y3 闭合,龙门灯带蓝灯点亮	
20	Y4	龙门检测绿色	Y4 闭合,龙门灯带绿灯点亮	
21	Y5	分拣气缸电磁阀	Y5 闭合,分拣气缸伸出	
22	Y10	启动指示灯	Y10 闭合,启动指示灯亮	
23	Y11	停止指示灯	Y11 闭合,停止指示灯亮	
24	Y12	复位指示灯	Y12 闭合,复位指示灯亮	
25	Y16	本单元就绪传感器	Y16 闭合,本单元就绪输出 1	
26	Y17	本单元就绪传感器	Y17 闭合,本单元就绪输出 2	

二、PLC 程序流程图与程序参考

检测分拣单元系统的控制程序流程如图 2-3-5 所示。主程序复位、启动、停止的部分 PLC 程序如图 2-3-6 所示。

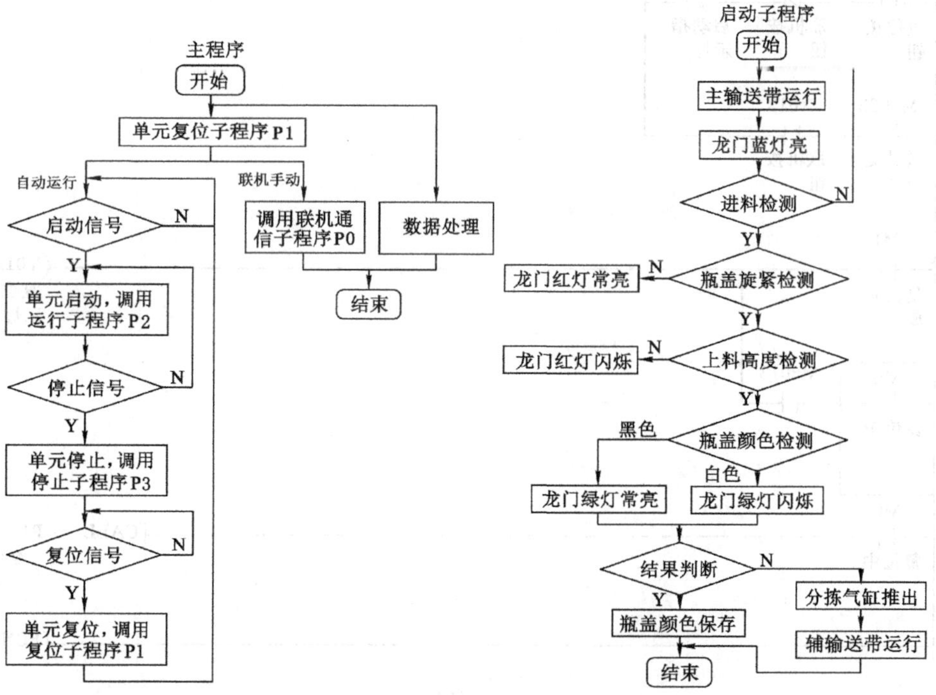

(a) 主程序图　　　(b) 调用检测子程序 P2

图 2-3-5　检测分拣单元系统的控制程序流程图

复位子程序 P1

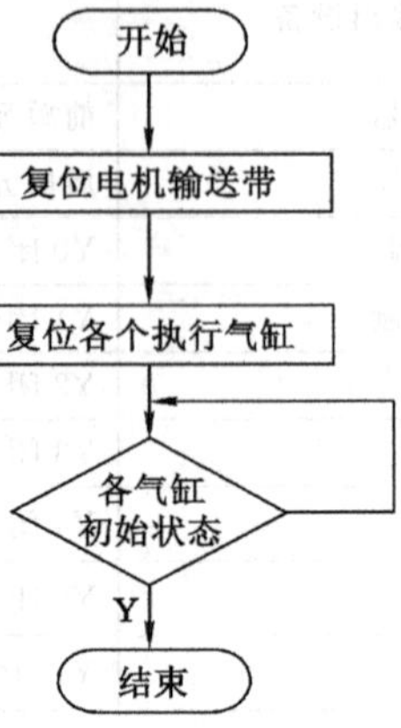

(c) 复位子程序

图 2-3-5(续)

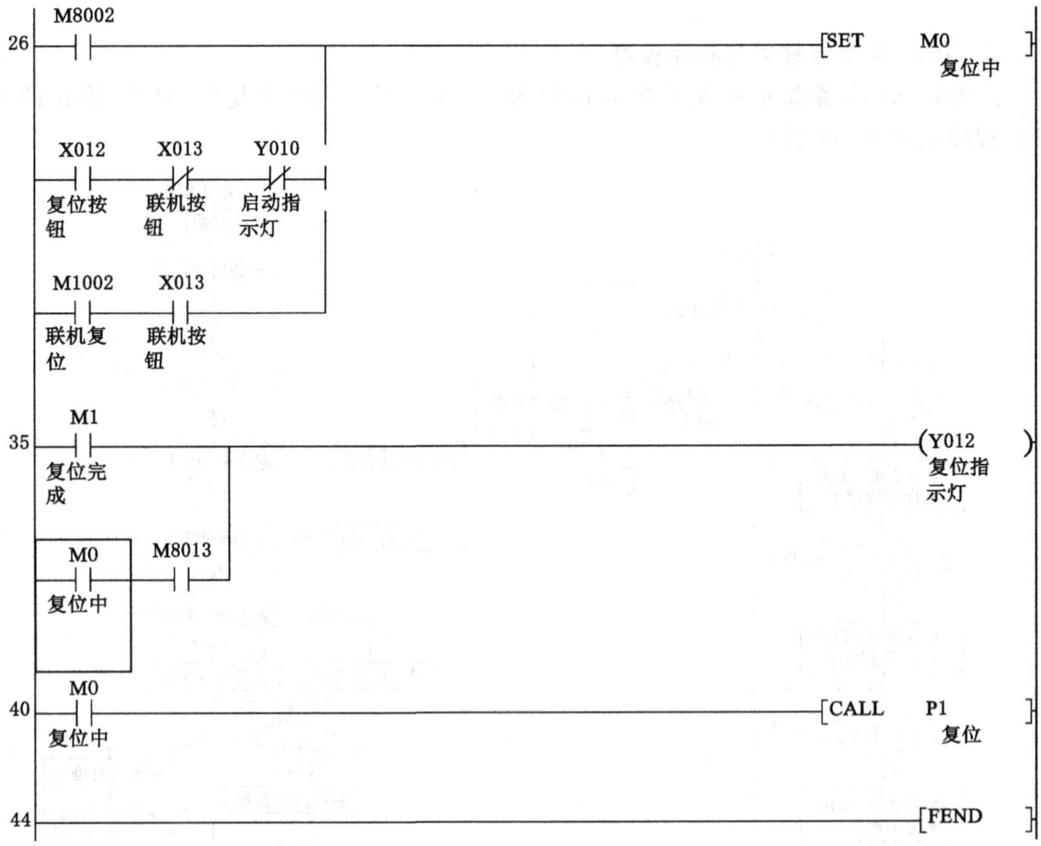

(a)

图 2-3-6　主程序复位、启动、停止的部分 PLC 程序

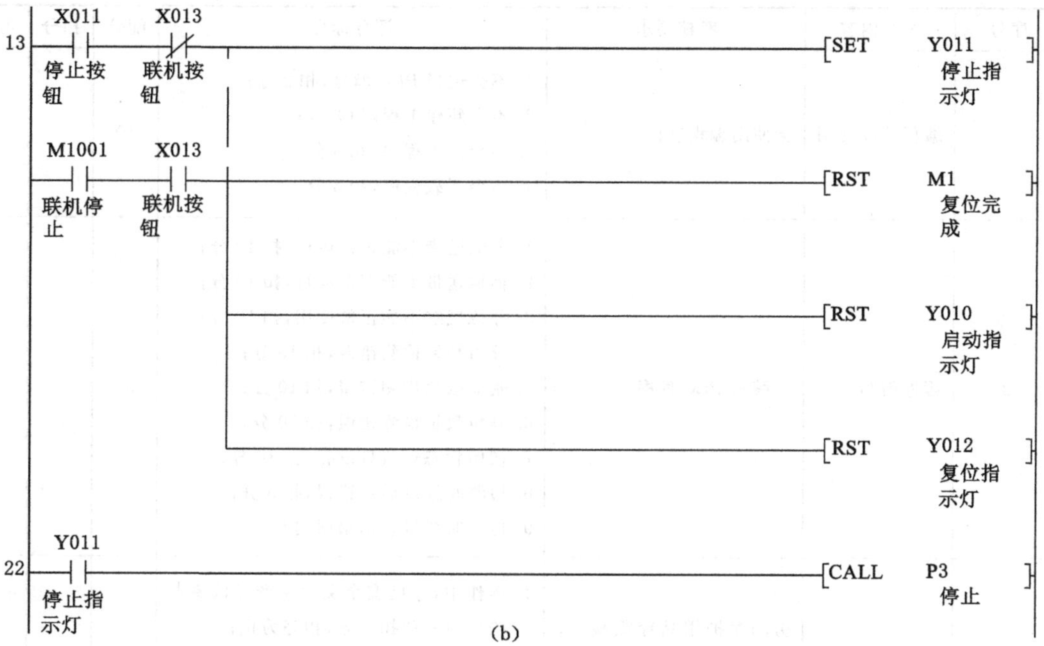

(b)

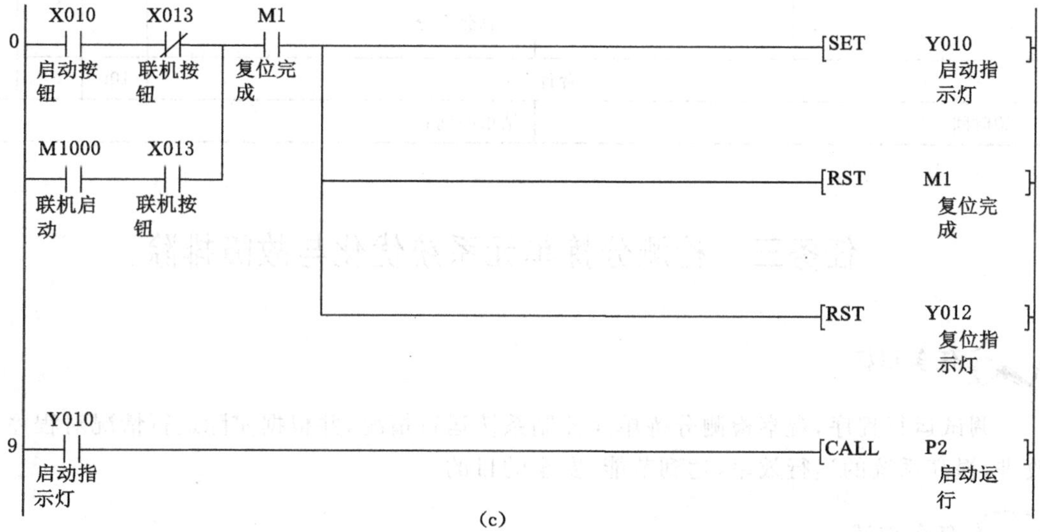

(c)

图 2-3-6(续)

三、编写 PLC 程序

根据检测分拣单元系统控制要求并参阅图 2-3-5 和图 2-3-6，自己编写调用检测子程序的启动、结果、显示、保存部分的程序。

任务评价

对任务实施的完成情况进行检查评价，并将结果填入表 2-3-3。

表 2-3-3 任务测评表

序号	主要内容	考核要求	评分标准	配分	扣分	得分
1	编程软件使用	会使用编程软件	1. 不会选择 PLC 型号，扣 2 分； 2. 不会新建工程，扣 2 分； 3. 不会输入程序，扣 3 分； 4. 不会下载程序，扣 3 分	10		
2	程序编写	会编写 PLC 程序	1. 主输送带不能正常运行，扣 10 分； 2. 辅输送带不能正常运行，扣 10 分； 3. 分拣气缸不能正常使用，扣 10 分； 4. 拧盖结果检测错误，扣 10 分； 5. 瓶盖颜色检测错误，扣 10 分； 6. 颗粒数量检测错误，扣 10 分； 7. 初始状态灯蓝灯没亮，扣 10 分； 8. 检测时红灯显示错误，扣 5 分； 9. 检测时绿灯显示错误，扣 5 分	80		
3	安全文明生产	劳动保护用品穿戴整齐；遵守操作规程；讲文明礼貌；操作结束要清理现场	1. 操作中，违反安全文明生产考核要求的任何一项扣 5 分，扣完为止； 2. 当发现学生有重大事故隐患时，要立即予以制止，并每次扣安全文明生产总分 5 分	10		
合计				100		
开始时间：			结束时间：			

任务三　检测分拣单元系统优化与故障排除

任务目标

调试运行程序，观察检测分拣单元控制系统运行情况，并根据实际运行情况对程序进行改进，提高系统的运行效率，达到节能、安全的目的。

任务描述

检测分拣单元主要任务是对物料瓶的瓶盖以及物料颗粒进行检测，进而分拣出合格与不合格产品。现在检测分拣单元已经组装完成，但是由于种种原因出现故障，不能正常运行。请根据所学知识，查找故障，将其排除，并将排除故障的操作步骤进行记录。

任务要求

（1）调整相关元器件位置，使运行顺利，达到工作要求。

（2）PLC 控制程序编辑修改，使动作顺序准确可靠。

任务实施

一、故障一

1. 故障现象

拧盖结果检测错误。

2. 故障分析

首先，看一下是不是拧盖检测传感器高度位置不正确，试着将瓶子放到拧盖传感器与反射板之前的输送带上，调整拧盖传感器与反射板的高度，使之达到“瓶盖未拧紧时传感器动作，而瓶盖拧紧时传感器不动作”的状态。如果结果还是检测错误，可能是拧盖检测传感器输出极性设置错误，试着将拧盖检测传感器输出极性旋钮旋到“D”，即遮光时动作。

请根据实际排除故障操作填写表 2-3-4。

表 2-3-4　排除故障操作记录卡

故障现象	
故障排除的方法	
故障排除的步骤	
结论	

二、故障二

1. 故障现象

瓶盖颜色检测错误。

2. 故障分析

首先，检测一下颜色传感器检 A、B(分别对应 PLC 输入 X3 和 X4)的线路是否存在故障，若线路正确，则可能是颜色传感器检测阈值设置错误，需要重新调节放大器的阈值，将瓶子放置于检测龙门正下方，调整传感器检测阈值，达到“白色瓶盖时，X3 与 X4 均有输入；蓝色瓶盖时，X3 有输入、X4 无输入”的状态。

请根据实际排除故障操作填写表 2-3-5。

表 2-3-5　排除故障操作记录卡

故障现象	
故障排除的方法	
故障排除的步骤	
结论	

三、故障三

1. 故障现象

颗粒数量检测错误。

2. 故障分析

首先，看一下三颗料位检测与四颗料位检测的两个对射传感器是否在同一水平线上，再检查一下两个传感器分别对应检测的物料颗粒的高度是否一致；若机械方面没问题，则可能是颗粒数量检测传感器 A、B(分别对应 PLC 输入 X14 和 X15)线路故障,或者是颗粒数量检测传感器检测阈值设置错误,需要重新调节阈值,将装好三颗物料的瓶子放置于检测龙门正下方,调整数量检测传感器检测阈值,达到"有瓶子时,X14 与 X15 均有输入;取走瓶子时,X14、X15 均无输入"的状态。

请根据实际排除故障操作填写表 2-3-6。

表 2-3-6　排除故障操作记录卡

故障现象	
故障排除的方法	
故障排除的步骤	
结论	

四、检测分拣单元故障分析与排除

检测分拣单元故障分析与排除见表 2-3-7、表 2-3-8。

表 2-3-7　检测分拣单元故障分析与排查表

故障现象	故障原因	解决方法
输送带不转	PLC 输出点烧坏	更换
	接线不良	紧固
	程序出错	修改程序
	开关电源损坏	更换
	PLC 损坏	更换
	直流电机故障	修理或更换
输送带反转	线路极性接反	更换线路极性
按钮板指示灯不亮	接线错误	检查电路并重新接线
	程序错误	修改程序
	相应线路板损坏	更换
龙门灯带不亮	PLC 输出点烧坏	更换
	接线错误	检查线路并更改
	程序出错	修改程序
	开关电源损坏	更换
	LED 灯带损坏	更换
分拣气缸不动作	PLC 输出点烧坏	更换
	接线接触不良	检查线路紧固
	磁性开关信号丢失	调整磁性开关位置
	开关电源损坏	更换
	电磁阀损坏	更换
	电磁阀接线错误	检查并更改
	无气压	打开气源或疏通气路

表 2-3-7(续)

故障现象	故障原因	解决方法
传感器不检测	PLC 输入点烧坏	更换
	接线错误	检查线路并更改
	开关电源损坏	更换
	传感器设置不合适	调整位置和重设参数
	传感器损坏	更换

表 2-3-8　检测分拣单元复位时常见故障表

序号	故障现象	故障原因	故障排查方法
1	复位指示灯不闪亮，也不常亮，设备无任何反应	“复位”输入按钮触点到 PLC 输入点 X12 之间线路存在断路故障	1. 检查挂板接口板的端子“G”与 PLC 的 X12 是否连通； 2. 按下“复位”按钮时，检查端子“B”与“G”是否连通
2	复位指示灯闪亮，但无法进入常亮状态	气动回路存在故障	1. 检查设备气源是否打开； 2. 对没回到初始状态的气缸电磁阀进行手动控制，检查气缸回路是否正常
3		分拣气缸退回限位磁性开关到 PLC 输入接口回路存在故障	检查各分拣气缸对应磁性开关指示灯和对应 PLC 输入点是否亮
4		PLC 输出回路存在故障	检查 PLC 对分拣气缸控制的输出回路线路是否连通

任务评价

对任务实施的完成情况进行检查评价，并将结果填入表 2-3-9。

表 2-3-9　任务测评表

序号	主要内容	考核要求	评分标准	配分	扣分	得分
1	工具使用	正确使用工具	使用工具不正确，扣 10 分	10		
2	方法使用	正确使用方法	1. 不会直观观察，扣 10 分； 2. 不会电压法，扣 10 分； 3. 不会电流法，扣 10 分	30		
3	排除故障思路	思路清晰	1. 排除故障思路不清晰，扣 10 分； 2. 故障范围扩大，扣 20 分	30		
4	故障排除	正确排除故障	只能找到故障，不能排除故障或排除方法不对，扣 20 分	20		

表 2-3-9(续)

序号	主要内容	考核要求	评分标准	配分	扣分	得分
5	安全文明生产	劳动保护用品穿戴整齐；遵守操作规程；讲文明礼貌；操作结束要清理现场	1. 操作中，违反安全文明生产考核要求的任何一项扣 5 分，扣完为止； 2. 当发现学生有重大事故隐患时，要立即予以制止，并每次扣安全文明生产总分 5 分	10		
合计				100		
开始时间：			结束时间：			

项目四　6轴机器人单元的安装与调试实训

SX-815Q型机电一体化综合实训考核装置的第四个单元是6轴机器人单元，通过学习项目四，学生可以学会对6轴机器人单元的机械部件进行组装，对机器人单元电路和气路进行连接，编写程序并进行调试，从而实现机器人单元的工作流程。

6轴机器人单元的主要任务是物料瓶的搬运、包装和贴标签。具体工作流程是：设备得到“启动”信号后，挡料气缸伸出，同时推料气缸A将物料盒推出到装箱台上；机器人开始从检测分拣工作站的出料位将物料瓶搬运到物料盒中；物料盒中装满4个瓶子后，机器人再用吸盘将物料盒盖吸取并盖到物料盒上；机器人最后根据装入物料盒内4个物料瓶盖颜色的顺序，依次将与物料瓶盖颜色相同的标签贴到盒盖的标签位上，贴完4个标签后等待成品入库。

6轴机器人单元整体及部件明细如图2-4-1所示。

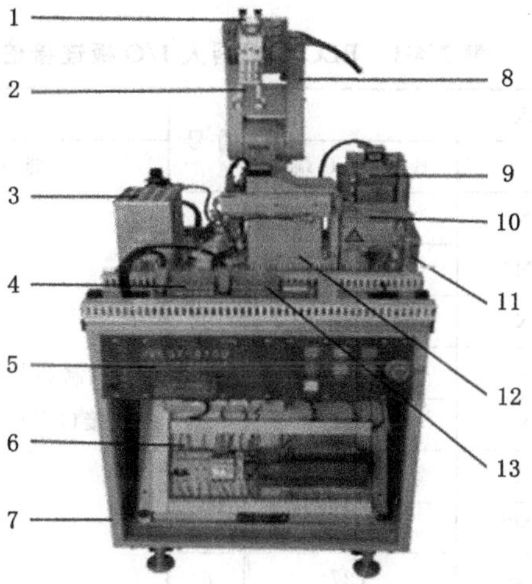

1—机器人吸盘夹具；2—机器人抓手夹具；3—标签料台；4—组件37针端子板；5—按钮控制面板；6—控制挂板；7—模型桌体；8—工业机器人；9—升降台B；10—出料台；11—定位气缸；12—升降台A；13—组件37针I/O转换板。

图2-4-1　6轴机器人单元整体图

任务一　6轴机器人单元电路与气路的连接与操作

任务目标

(1) 能简单安装6轴机器人单元的电路与气路。

(2) 能熟练进行 PLC 外围系统的电路接线。

(3) 具备 6 轴机器人单元电路和气路连接与调试的能力。

任务描述

根据电路原理图和气路原理图对设备的电路和气路按照工艺要求进行连接和组装，进而为后续设备编程、调试提供条件。

任务要求

(1) 6 轴机器人单元的气路连接与调试。

(2) PLC 外围系统的电路连接与调试。

任务实施

一、电路安装

1. 准备电路原理图

6 轴机器人单元的电路原理图如图 2-4-2 所示，PLC 与机器人 I/O 板连接信号见表 2-4-1。

表 2-4-1 PLC 与机器人 I/O 板连接信号

序号	输入			序号	输出		
	A 端(机器人端)		B 端(PLC 端)		A 端(机器人端)		B 端(PLC 端)
1	控制器 I/O 接口 XS12	IN1	Y20	1	控制器 I/O 接口 XS14	OUT1	X20
2		IN2	Y21	2		OUT2	X21
3		IN3	Y22	3		OUT3	X22
4		IN4	Y23	4		OUT4	X23
5		IN5	Y24	5		OUT5	X24
6		IN6	Y25	6		OUT6	X25
7		IN7	Y26	7		OUT7	X26
8		IN8	Y27	8		OUT8	X27
1	控制器 I/O 接口 XS13	IN9	Y30	1	控制器 I/O 接口 XS15	OUT9	X30
2		IN10	Y31	2		OUT10	X31
3		IN11	Y32	3		OUT11	X32
4		IN12	Y33	4		OUT12	X34
5		IN13	Y34	5		OUT13	
6		IN14	Y35	6		OUT14	气爪
7		IN15	Y36	7		OUT15	吸盘 A
8		IN16	Y37	8		OUT16	吸盘 B

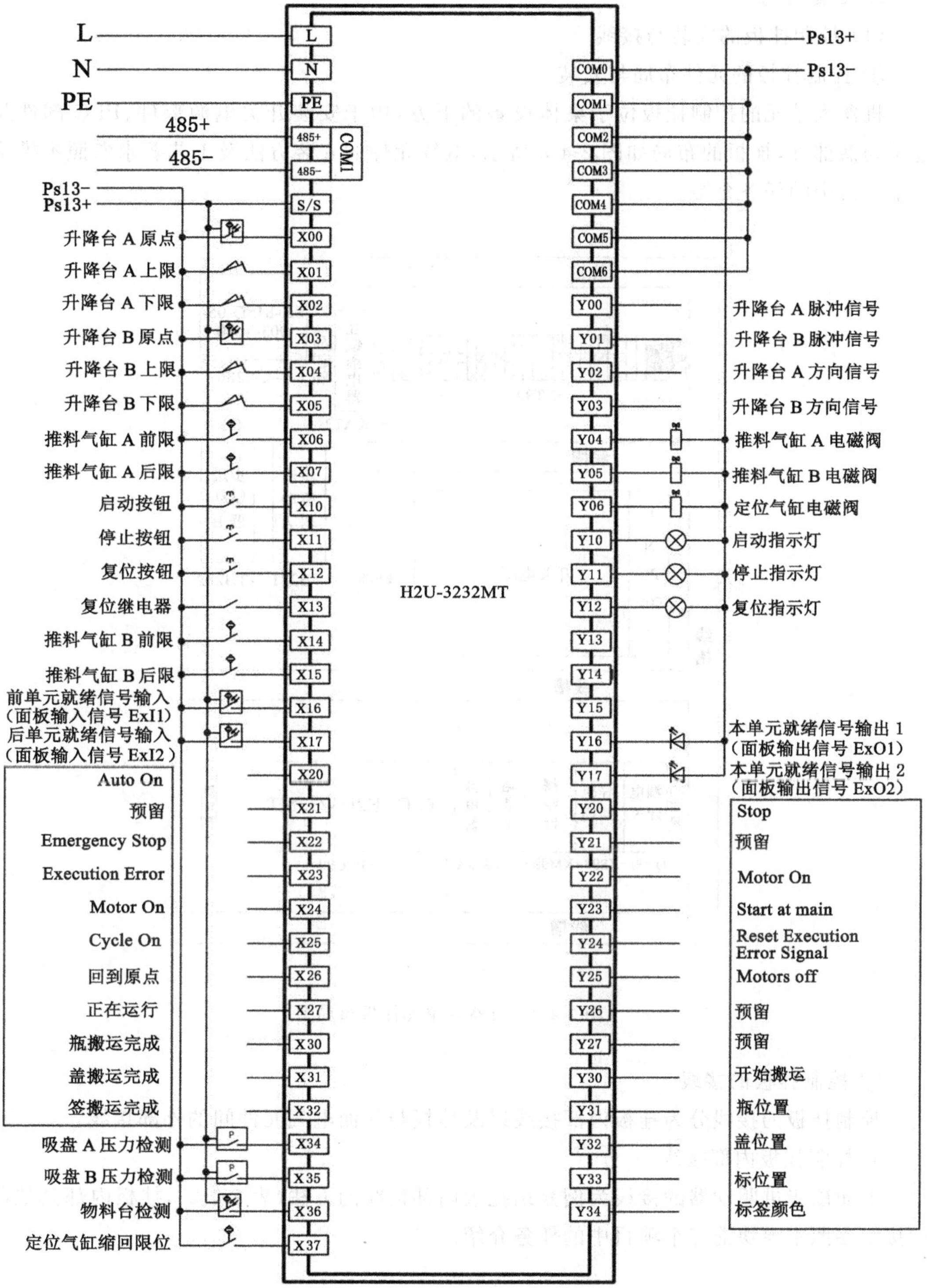

图 2-4-2　6 轴机器人单元电路原理图（PLC 输入、输出信号）

2. 安装实施

(1) 控制挂板的安装与接线

① 控制挂板的元件布局与安装

机器人单元的控制挂板位于桌体设备的下方,用于安装开关电源部件、PLC部件及步进驱动器部件,挂板的布局如图2-4-3所示,电气元件的安装方法及工艺要求参照本模块前三个项目中的任务介绍。

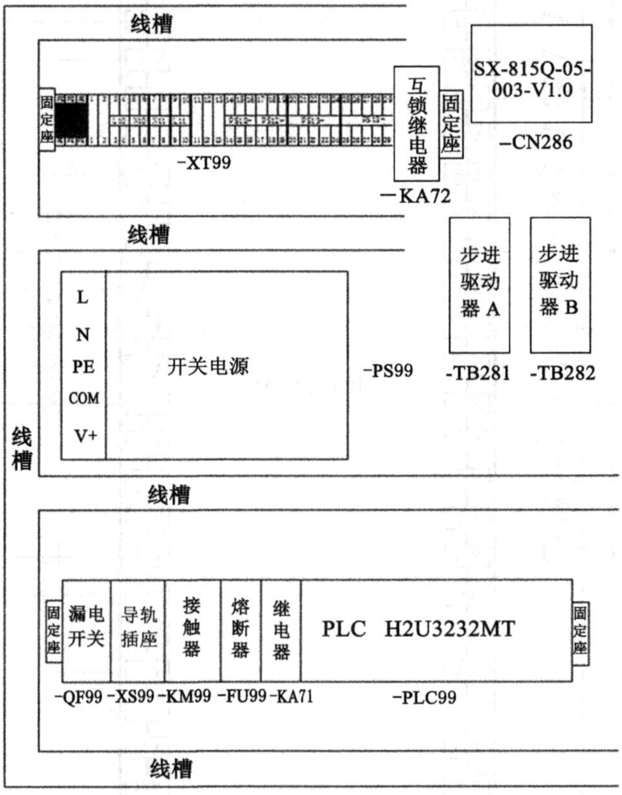

图2-4-3 机器人单元挂板布局图

② 控制挂板的接线

控制挂板的接线分为挂板内部接线以及挂板与台面电气元件间的外部接线。

a. 控制挂板内部接线

下面以步进驱动器的接线为例介绍挂板内部接线的方法(表2-4-2),挂板内部其他部分的接线参照本模块前三个项目中的任务介绍。

表 2-4-2 步进驱动器的接线步骤

步骤	图例	说明
1. 24 V 直流电源的正极接到步进驱动器 A、B 的＋V、PU＋、DR＋端子上	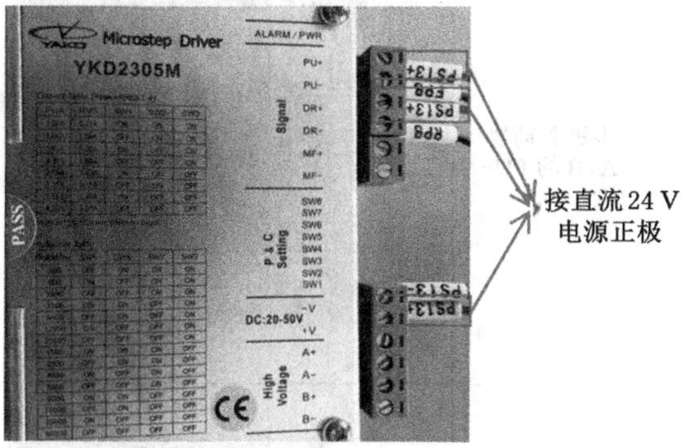	24 V 正极从挂板端子排 XT99 的 26、27 端子引出
2. 24 V 直流电源的负极接到步进驱动器 A、B 的－V 端子上	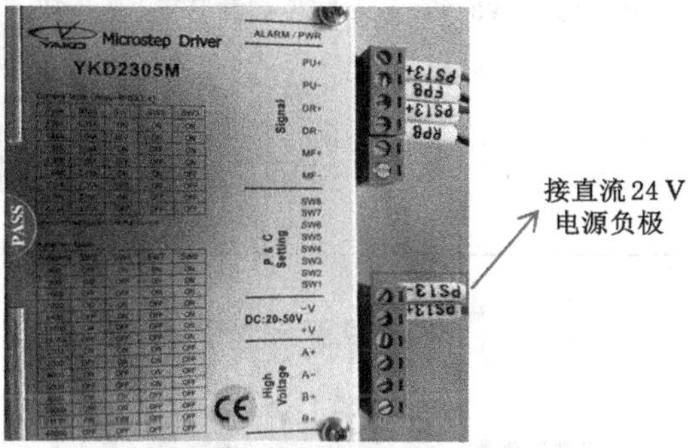	24 V 负极从挂板端子排 XT99 的 21、22 端子引出
3. PLC 的脉冲输出端 Y0、Y1 接到步进驱动器 A、B 的 PUL－端子上	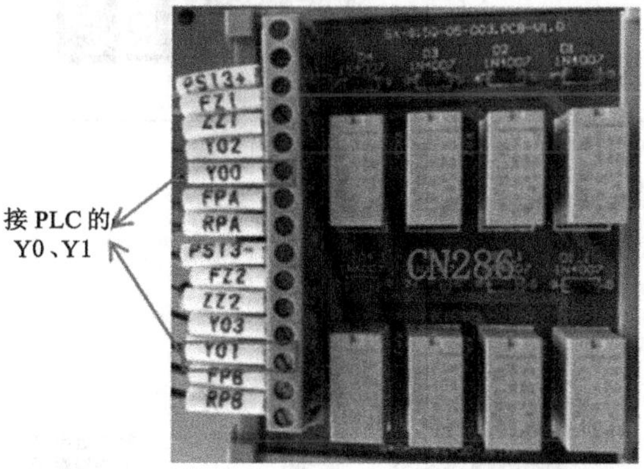	先将 PLC 的 Y0、Y1 输出端接到限位保护板 CN286 的 FP1＋、FP2＋端子上

表 2-4-2(续)

步骤	图例	说明
4. PLC 的脉冲输出端 Y0、Y1 接到步进驱动器 A、B 的 PUL－端子上	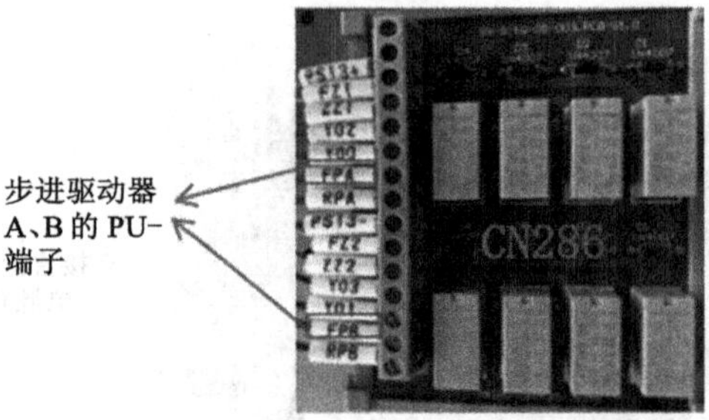	再将限位保护板 CN286 的 FP1－、FP2－端子分别接到驱动器 A、B 的 PU－端子上
5. PLC 的方向控制信号 Y2、Y3 接到步进驱动器 A、B 的 DR－端子上	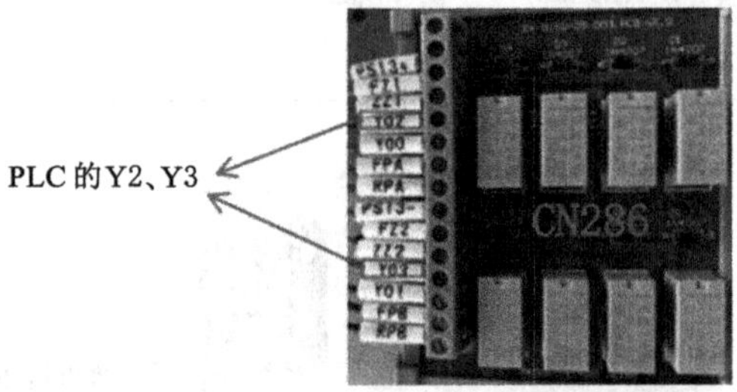	先将 PLC 的 Y2、Y3 输出端接到限位保护板 CN286 的 FX1、FX2 端子上
	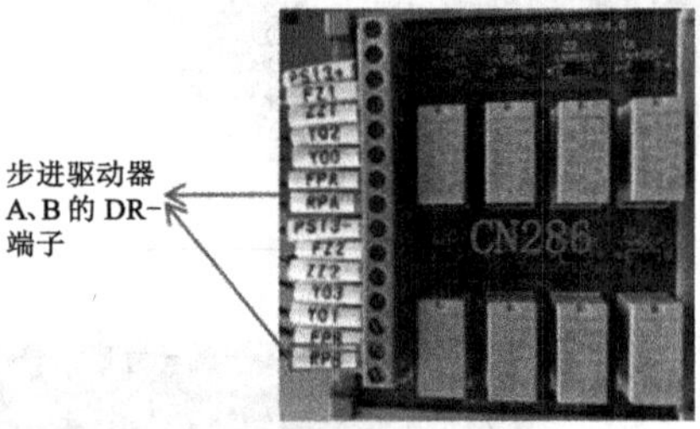	再将限位保护板 CN286 的 RP1、RP2 端子分别接到驱动器 A、B 的 DIR－端子上
6. 步进驱动器 A、B 的电机接线端 A＋、A－、B＋、B－接到步进电机端子上	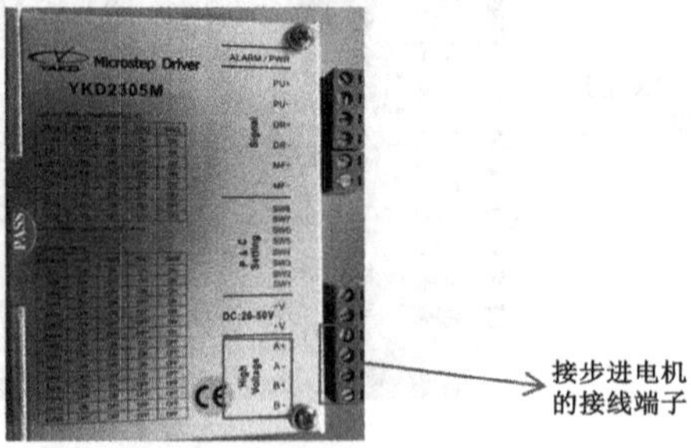	连接步进电机的导线采用 4 芯屏蔽电缆，并采用接插件连接，便于拆卸与更换

b. 控制挂板外部接线

控制挂板外部接线步骤见表 2-4-3。

表 2-4-3 控制挂板外部接线步骤

步骤	图例	说明
1. 用线缆 W370 连接 PLC 与台面端子板 CN310	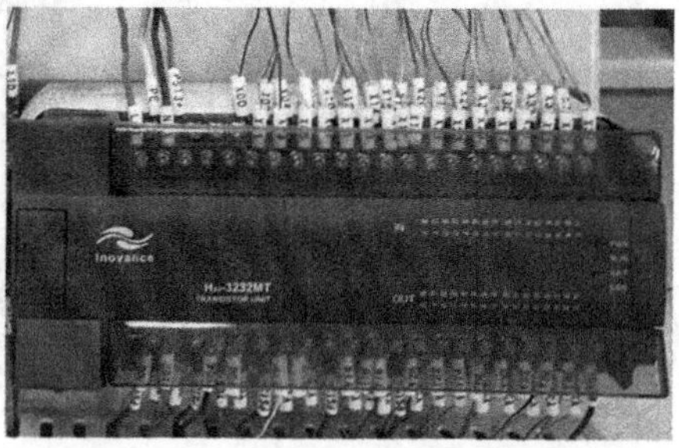	将线缆 W370 开放端按照原理图要求依次连接到 PLC 的输入、输出端子上（X0-X7、X14-X17、Y6-Y7、Y13-Y17）
		将线缆 W370 公头连接到台面 37 针端子板 CN310 上的 37 针母座上
2. 用线缆 W371 连接 PLC 与台面端子板 CN311	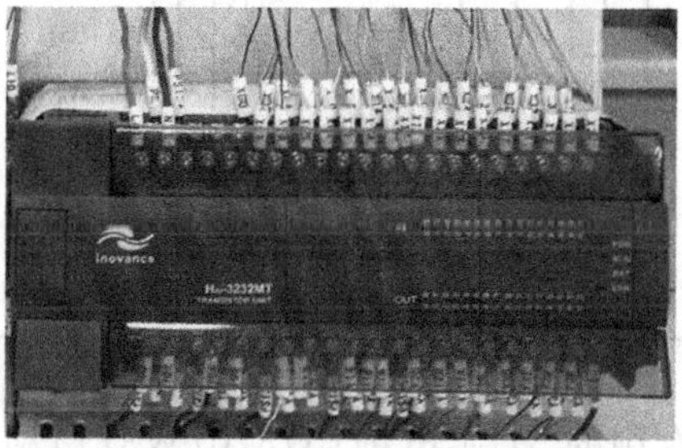	将线缆 W371 开放端按照原理图要求依次连接到 PLC 的输入、输出端了上（X20-X27、X30-X37、Y20-Y27、Y30-Y37）
	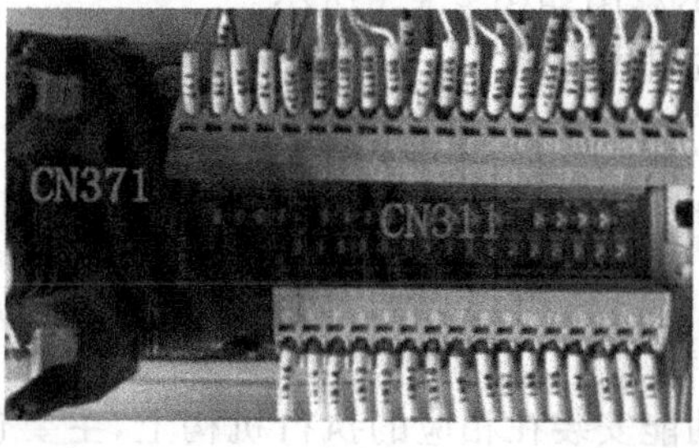	将线缆 W371 公头连接到台面组件 I/O 转换板 CN311 上的 37 针母座上

表 2-4-3(续)

步骤	图例	说明
3. 用线缆 W250 连接 PLC 与按钮板 CN73		将线缆 W250 开放端按照原理图要求依次连接到 PLC 的输入、输出端子上(X10-X13、X16-X17、Y10-Y12、Y16-Y17)
		将线缆 W250 公头连接到按钮板 CN73 上的 CN350 母座上
	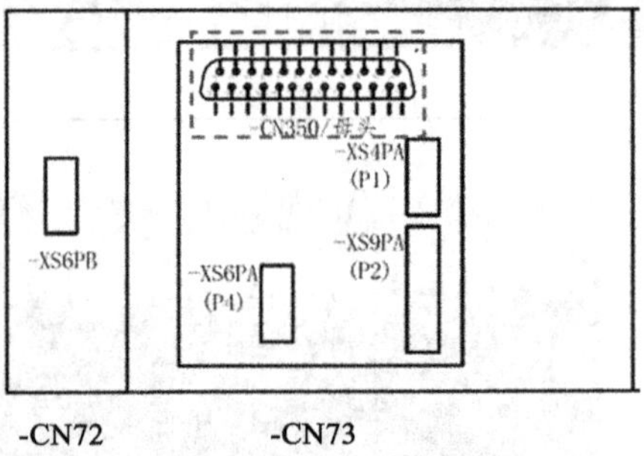	

挂板的外部接线通过专用的 37 芯电缆(W370/W371)和 25 芯电缆(W250)将 PLC 的输入、输出端子及 24 V 直流电源引接到台面端子板(CN310、CN311)和操作面板(CN73),挂板与台面执行机构连接示意图如图 2-4-4 所示。

(2) 台面电气元件的安装与接线

① 台面电气元件的布局

机器人单元台面元件的布局示意图如图 2-4-5 所示,主要电气元件集中在升降台 A、B 上面。

② 台面电气元件的安装

台面电气元件按照其功能安装在相应的执行机构上,主要包含执行机构的位置检测传感器、气动执行元件的电磁阀线圈等,要求电气元件的安装固定要牢固、安装位置准确。表 2-4-4 为升降台 A 部件中主要的电气元件及其安装效果,升降台 B 电气元件的安装可参照升降台 A 实施。

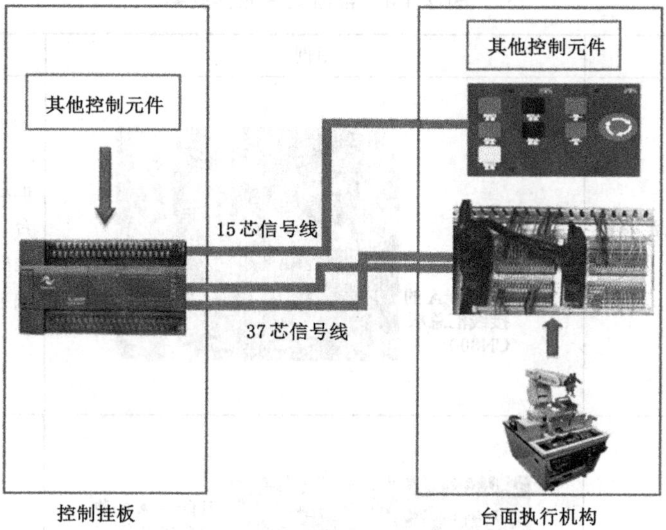

图 2-4-4　挂板与台面执行机构连接示意图

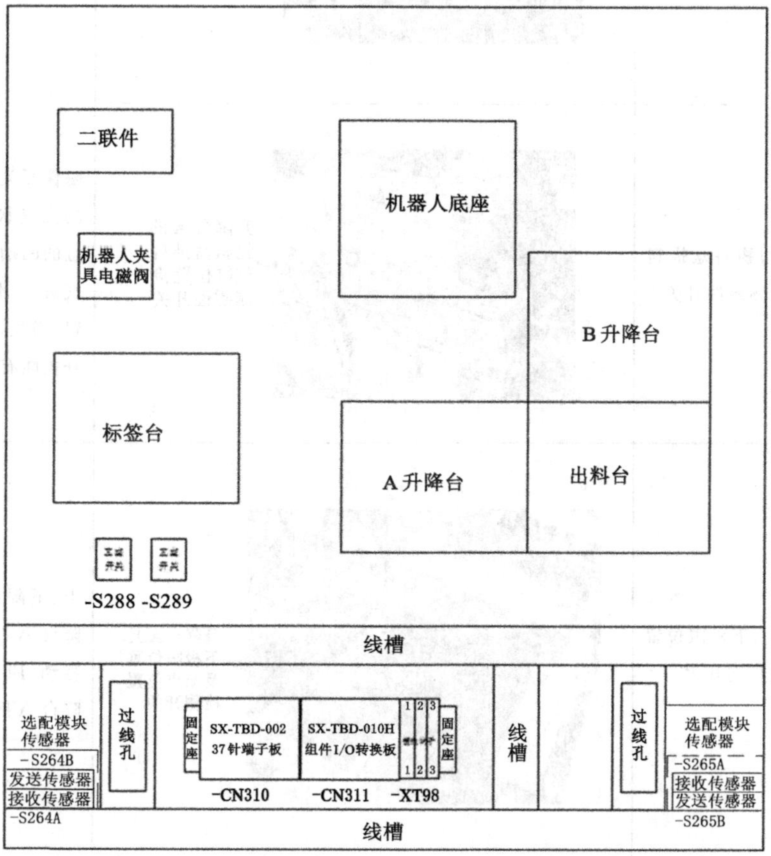

图 2-4-5　机器人单元台面元件布局图

表 2-4-4　台面电气元件安装

步骤	图例	说明
1. 升降台 A 的接线汇总板 CN300		汇总板 CN300 用来将升降台 A 部件上的电气元件连接到挂板的 PLC 输入、输出端子上
2. 升降台 A 的物料盒推料气缸电磁阀		电磁阀控制推料气缸将物料盒推到组装台上
3. 升降台 A 的物料盒推料气缸位置检测磁性开关		磁性开关用于检测推料气缸的位置状态，安装时推入气缸的凹槽中并用螺钉固定在气缸上，使用时需调整好位置，当气缸伸出、缩回时磁性开关能有效输出开关信号
4. 升降台 A 上、下极限位置及原点位置检测开关		上、下限位开关用于控制升降台 A 在行程范围内上、下移动，原点位置开关用于升降台 A 回原点操作

③ 台面电气元件的接线

下面以升降台 A 电气元件的接线为例(表 2-4-5)介绍台面电气元件的接线方法，其他元件的接线可参照其实施。

表 2-4-5 升降台 A 电气元件的接线步骤

步骤	图例	说明
1. 将升降台 A 上的电气元件连接到汇总板 CN300 接线端子上		汇总板 CN300 接线端子中 XT2 端子为 24 V 电源正极，XT1 端子为 24 V 电源负极，XT3 端子连接到 PLC 的输入、输出端子，按照电气原理图正确连接，接线及绑扎应符合工艺要求
2. 用 15 芯线缆 W150 连接汇总板 CN300 到台面端子板 CN310 端子		CN310 接线端子中 T1/XT4 端子为 24 V 电源正极，XT5 端子为 24 V 电源负极，XT2 端子连接到 PLC 的输出端子，XT3 端子连接到 PLC 的输入端子，按照电气原理图正确连接，接线及绑扎应符合工艺要求
3. 用 37 芯线缆 W370 连接台面端子板 CN310 到 PLC 的输入、输出端子		线缆 W370 为公头，一端为开放导线，按照电气原理图正确连接，接线及绑扎应符合工艺要求，多余的导线要做绑扎处理

(3) 机器人控制器与 PLC 的接线

6 轴机器人依靠自身控制器内的程序控制各个轴的运动，同时 PLC 作为外部控制器协调控制程序的流程及功能的转换，因此机器人控制器与 PLC 之间需要进行输入、输出信号的连接。机器人控制器接口示意图如图 2-4-6 所示，其中的 I/O 板接口 XS12-XS16 用于连接外部 PLC 输入、输出信号。机器人控制器与 PLC 的接线方法与步骤见表 2-4-6。

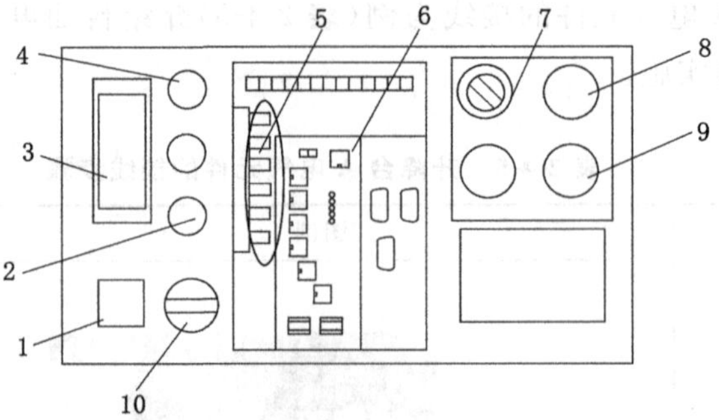

1—交流电源接口；2—编码器信号接口；3—伺服电机接口；4—示教器接口；5—I/O 接口板；6—通信网口；7—手动/自动钥匙开关；8—急停按钮；9—自动运行按钮；10—电源开关。

图 2-4-6　机器人控制器接口示意图

表 2-4-6　机器人控制器与 PLC 的接线步骤

步骤	图例	说明
1. 用线缆 W380 将控制器 I/O板连接到台面组件 I/O转换板 CN311 接线端子上		线缆 W380 两端为开放导线，将线缆 W380 线缆接机器人 I/O 板，另一头接台面组件 I/O 转换板
		端子板 CN311 接线端子接有 24 V 电源正极和 24 V 电源负极，XT2、XT3 端子分别连接到机器人输入、输出端子，其中输入端带有公共端，按照电气原理图正确连接，接线及绑扎应符合工艺要求
2. 真空开关 A、真空开关 B、定位气缸后限、料台检测传感器连接到台面组件 I/O 转换板 CN311 输入端子上		料台检测传感器连接到升降台 A 汇总板 CN300，线缆 W150 连接到 CN311 组件 I/O 转换板的输入接口 X36
		真空开关 A、真空开关 B、定位气缸后限连接到 CN311 组件 I/O 转换板的输入接口，按照电气原理图正确连接到 PLC 的输入、输出端子，接线及绑扎应符合工艺要求

二、气路安装

1. 气路原理图

气路原理图如图 2-4-7 所示。

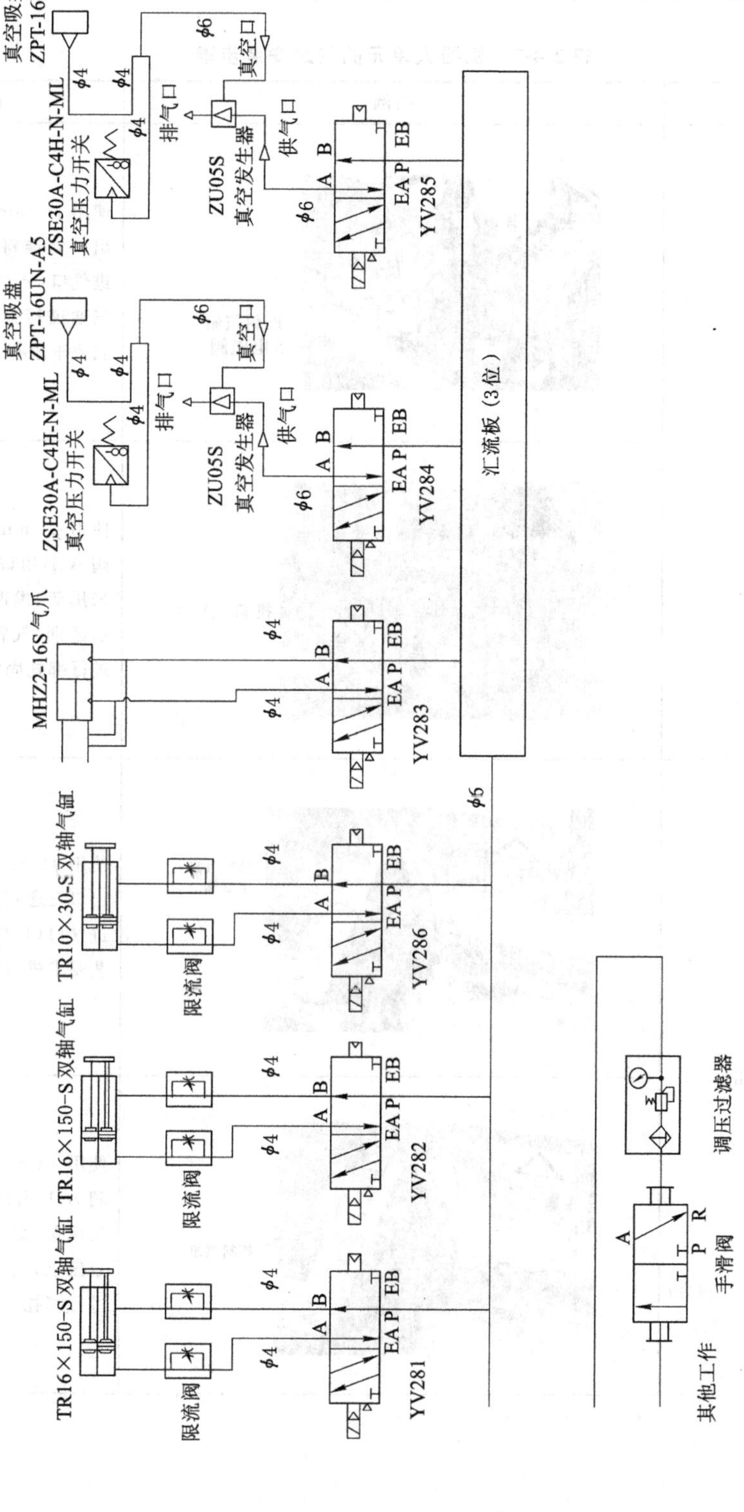

图 2-4-7　机器人单元气路图

2. 安装步骤

机器人单元的气路共使用了6个单电控二位五通电磁换向阀，分别控制推料气缸A、推料气缸B、挡料气缸、气动手爪和两个吸盘的动作，气路的具体安装步骤见表2-4-7。

表2-4-7　机器人单元的气路安装步骤

步骤	图例	说明
1. 连接推料气缸A气路		使用$\phi 6$ mm气管连接气源出口到推料气缸A电磁阀进气口(P口)，气源出口用三通进行分路，气管要按工艺要求进行绑扎固定
	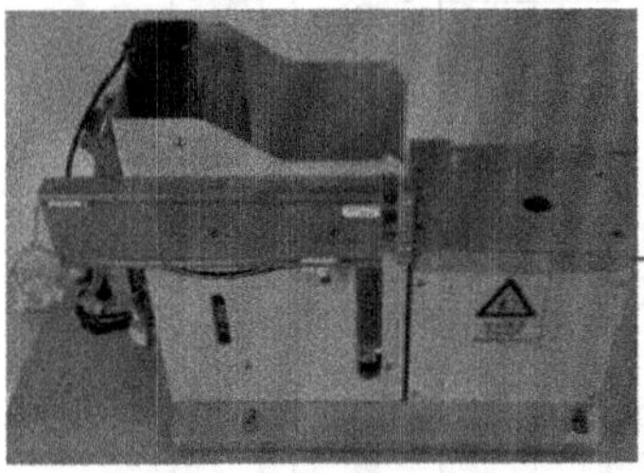	使用$\phi 4$ mm气管连接电磁阀A、B出口到气缸节流阀，采用蓝、黑两种颜色气管以示区别，气管要按工艺要求进行绑扎固定
2. 连接挡料气缸气路		使用$\phi 6$ mm气管连接气源出口三通到挡料气缸电磁阀进气口(P口)，气管要按工艺要求进行绑扎固定
		使用$\phi 4$ mm气管连接电磁阀A、B出口到气缸节流阀，采用蓝、黑两种颜色气管以示区别，气管要按工艺要求进行绑扎固定

表 2-4-7(续)

步骤	图例	说明
3. 连接机器人手爪和吸盘气路	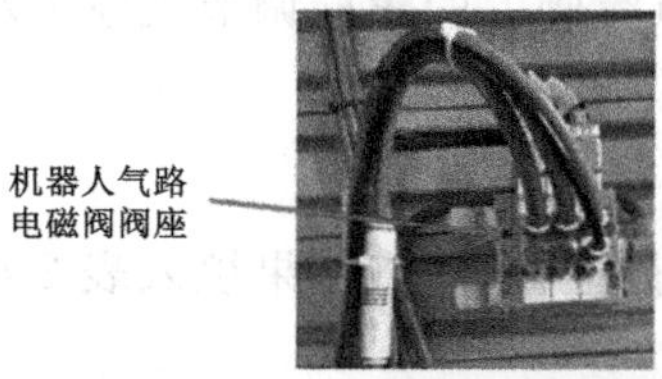	使用 ϕ6 mm 气管连接气源出口三通到电磁阀阀座进气口(P 口),气管要按工艺要求进行绑扎固定
	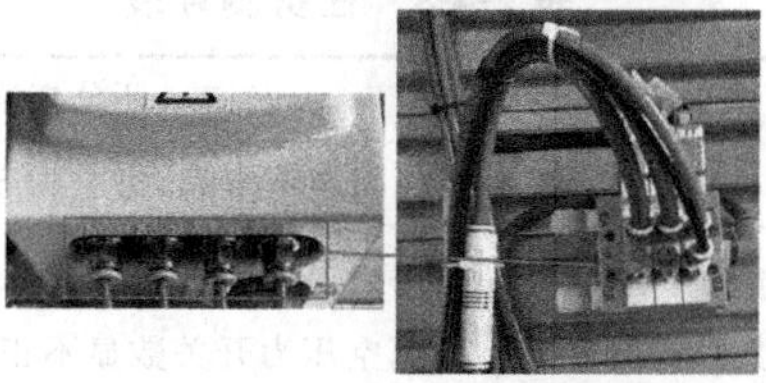	使用 ϕ4 mm 气管连接气爪电磁阀 YV283 的 A 口到机器人后下方的气管接口，电磁阀的 B 口封堵住，气管要按工艺要求进行绑扎固定
	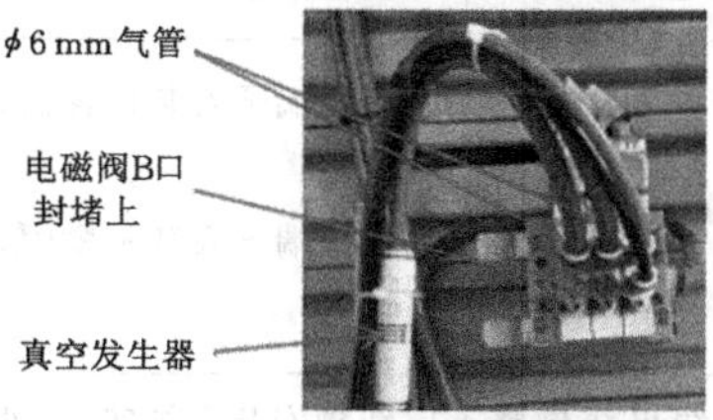	使用 ϕ6 mm 气管连接两个吸盘电磁阀 YV284、YV285 的 A 出口到真空发生器,气管要按工艺要求进行绑扎固定
	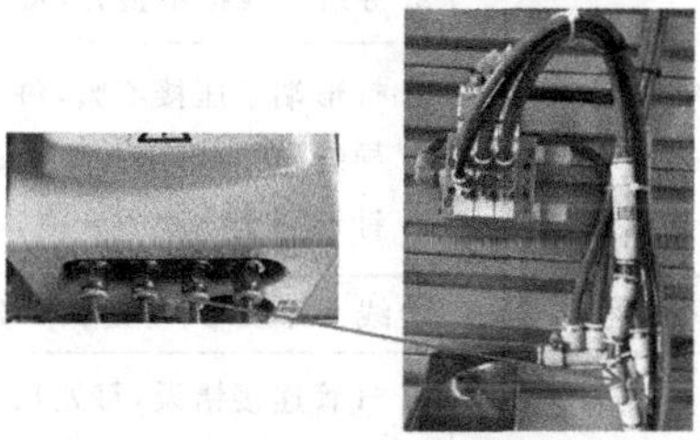	真空发生器出口使用 ϕ6 mm 变 ϕ4 mm 的变接头后接三通,三通一路连接到机器人后下方的吸盘气管接口，气管要按工艺要求进行绑扎固定
		三通的另一路连接到真空压力开关,气管要按工艺要求进行绑扎固定
	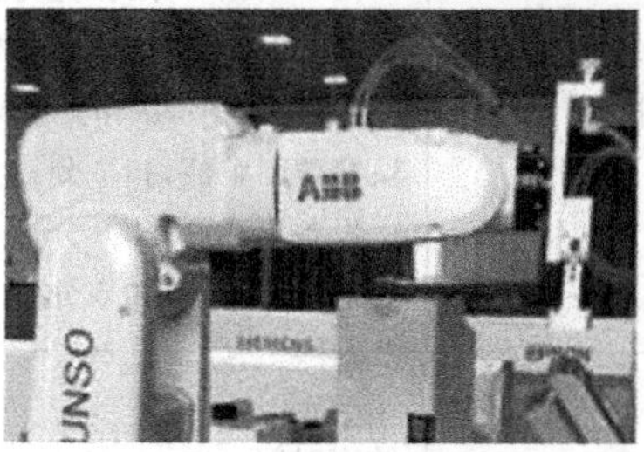	使用 ϕ4 mm 气管从机器人顶部的气管接口连接到气爪气缸和吸盘

说明:推料气缸 B 参照推料气缸 A 气路安装方法进行,本单元推料气缸 B 气路可省略不装(扩展使用)。

气路接好后，可通过电磁阀上的手动控制按钮进行测试，分别按下控制按钮，推料气缸A、B推出、气爪夹紧、吸盘产生真空，说明连接正确，否则说明气管接反或接错，需逐一检测排除故障，最后根据需要拧动节流阀上的螺栓调节气流大小，使各气缸的动作匀速、平稳。

任务评价

对任务实施的完成情况进行检查，并将结果填入表2-4-8。

表2-4-8　任务测评表

序号	主要内容	考核要求	评分标准	配分	扣分	得分
1	元件固定	元件固定牢靠	元件固定不牢靠，每个扣5分，扣完为止	10		
2	PLC控制功能	1. 步进电机运行正常； 2. 真空压力开关数显正常； 3. 真空发生器吸力正常	1. 步进电机不能运行，扣5分； 2. 真空压力开关数显不正常，扣5分； 3. 真空发生器吸力不正常，扣5分	15		
3	导线安装	接线端子安装正确	1. 接线端子安装位置错误，每处扣2分，扣完为止； 2. 接线端子安装不紧固，每处扣1分，扣完为止	10		
4	线槽固定	线槽安装牢靠，导线出线槽整齐	1. 线槽安装不结实，每处扣3分，扣完为止； 2. 导线出线槽不整齐，每处扣3分，扣完为止	10		
5	导线压针形端子	1. 针形端子压接牢固； 2. 导线长短合适； 3. 针形端子大小合适	1. 针形端子压接不紧，每处扣2分； 2. 导线漏铜，每处扣1分； 3. 针形端子大小不合适，每处扣1分	10		
6	导线穿线号	导线两端穿上相同线号	导线不穿线号，每处扣1分，扣完为止	10		
7	气管连接	气管连接正确	1. 气管连接错误，每处扣5分； 2. 气管连接漏气，每处扣3分	15		
8	气管固定	1. 马蹄形固定座安装牢靠； 2. 气管绑扎松紧合适	1. 马蹄形固定座安装不牢靠，每个扣2分，扣完为止； 2. 气管绑扎太松或太紧，每个扣2分，扣完为止	10		
9	安全文明生产	劳动保护用品穿戴整齐；遵守操作规程；讲文明礼貌；操作结束要清理现场	1. 操作中，违反安全文明生产考核要求的任何一项扣5分，扣完为止； 2. 当发现学生有重大事故隐患时，要立即予以制止，并每次扣安全文明生产总分5分； 3. 穿戴不整洁，扣2分； 4. 设备不还原，扣5分； 5. 现场不清理，扣5分	10		
合计				100		
开始时间：			结束时间：			

任务二　6 轴机器人单元编程与调试

任务目标

(1) 会使用示教器进行机器人计数器的更新。

(2) 能使用示教器操作机器人手动运行。

(3) 会使用示教器进行工具坐标、工件坐标的设定。

(4) 会使用示教器进行系统输入、输出的设定。

(5) 会进行机器人程序点位的示教，并进行程序的编写。

(6) 会使用机器人软件 Robotstud I/O。

(7) 会调试机器人程序，满足控制要求。

任务描述

我们已将设备的机械部分进行组装，并将电路和气路部分进行了组装，现需要在了解相关理论知识的基础上，根据设备运行的要求编写机器人控制程序且进行调试，使其能够正常运行。

任务要求

(1) 根据机器人动作顺序编写机器人控制程序。

(2) 使用机器人示教器进行点位设置。

(3) 学会使用机器人软件 Robotstud I/O 编程与仿真。

任务实施

一、机器人手动操作

本单元用到的机器人为 IRB120 型机器人，机器人本体与控制器的接口以及之间的连接前文已详细说明。

1. 示教器的认识

(1) 示教器

示教器是进行机器人的手动操纵、程序编写、参数配置以及监控用的手持装置，也是我们最常打交道的控制装置，如图 2-4-8、图 2-4-9 所示。

(2) 示教器的操作

操作时同时四指扣压使能器按钮，如图 2-4-10 所示；使能器按钮分为两挡，按下第一挡机器人将处于电机开启状态，松开或按下使能器第二挡电机均为关闭状态。

机器人伺服状态会在示教器触摸屏状态栏显示，图 2-4-11 所示分别为电机开启与停止时的状态显示。

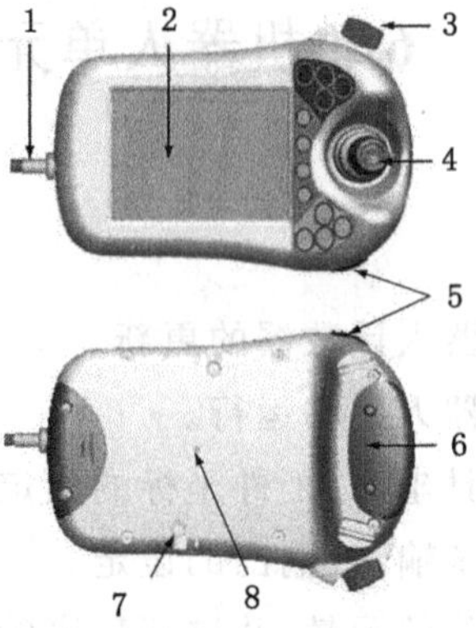

1—连接电缆；2—触摸屏；3—急停开关；4—手动操作摇杆；
5—数据备份用USB接口；6—使能器按钮；7—触摸屏用笔；8—示教器复位按钮。

图 2-4-8　示教器外部介绍

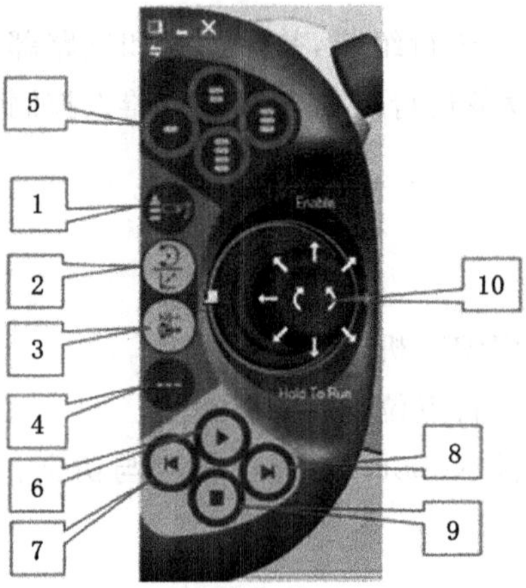

1—选择机械单元；2—线性/重定位模式切换；3—关节1-3/4-6轴模式切换；4—增量切换；
5—自定义按键；6—运行；7—单步后退；8—单步前进；9—停止；10—操作手柄。

图 2-4-9　示教器按键介绍

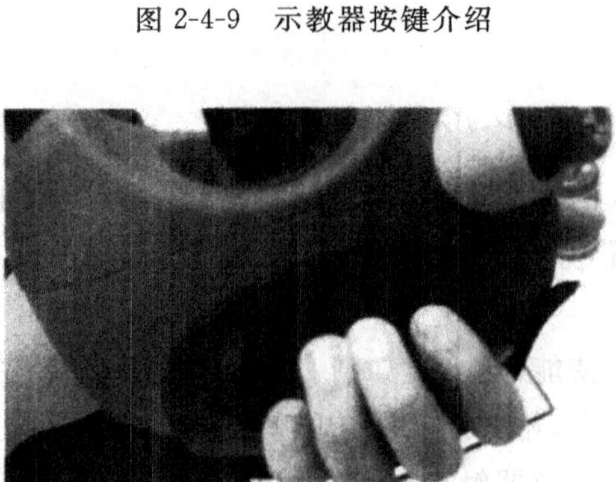

图 2-4-10　示教器握势

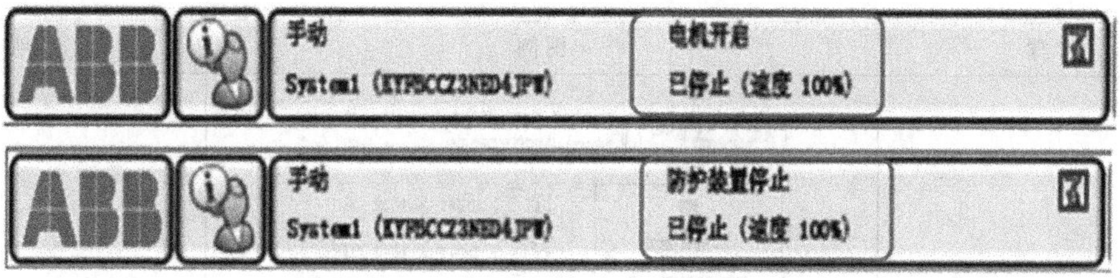

图 2-4-11　状态显示

2. 机器人的计数器更新

在机器人出现以下任何一种状态时，需要对机器人进行此操作：① 更换伺服电机转数计数器电池后；② 当转数计数器发生故障，维修后；③ 转数计数器与测量板之间断开过以后；④ 断电后，机器人关节轴发生了位移；⑤ 当系统报警提示“10036 转数计数器未更新”时，见表 2-4-9。

表 2-4-9　机器人计数器更新的操作步骤

步骤	图例	说明
1. 打开“ABB”菜单	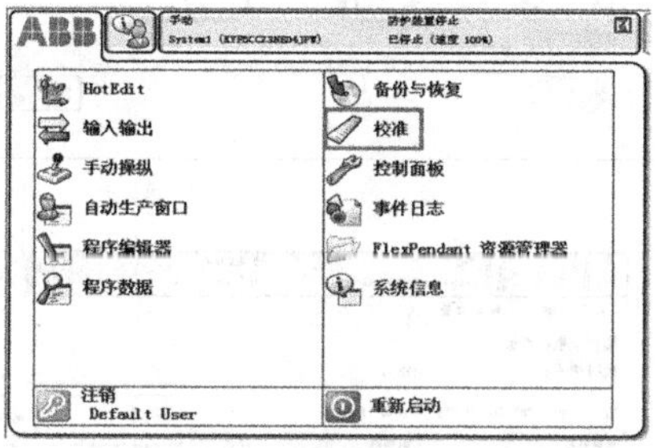	选择“校准”，弹出校准画面
2. 点击“ROB-1”	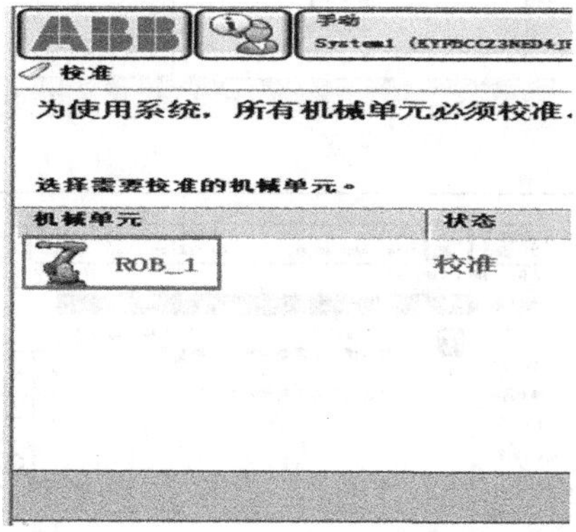	弹出校准参数画面

表 2-4-9(续)

步骤	图例	说明
3. 选择"编辑电机校准偏移"	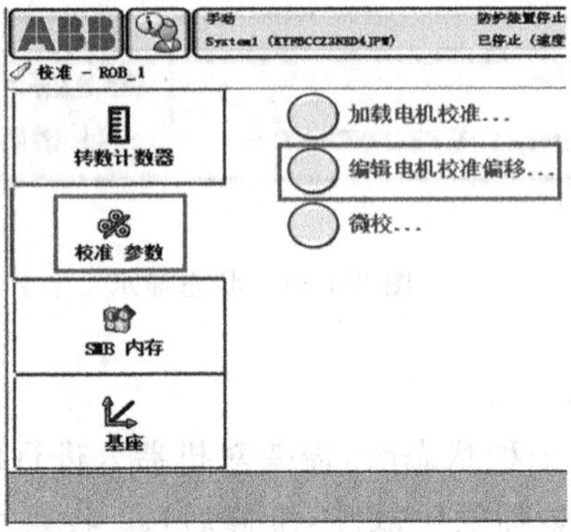	弹出确认对话框
4. 选择"是"	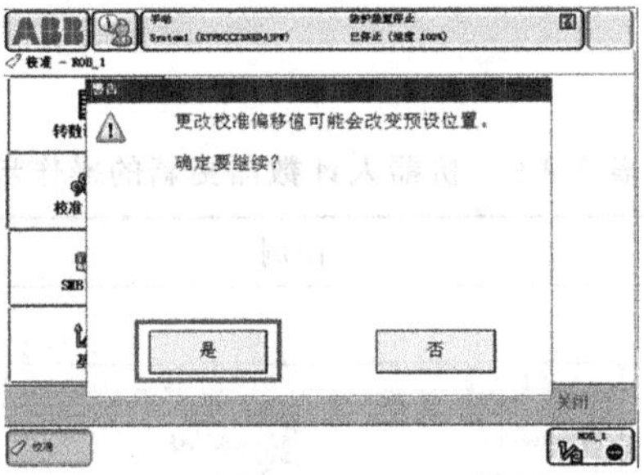	弹出校准参数修改画面
5. 修改偏移值，点击"确定"	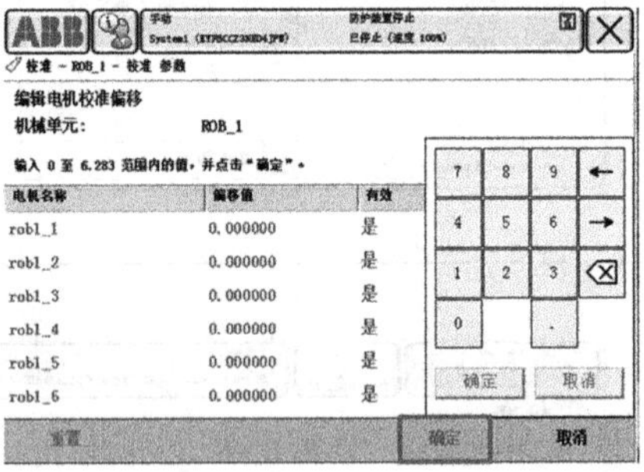	把机器人自带原点数据输入对应偏移值，点击"确定"；每台机器人原点数据不同，在机器人本体上能够找到
6. 选择"是"	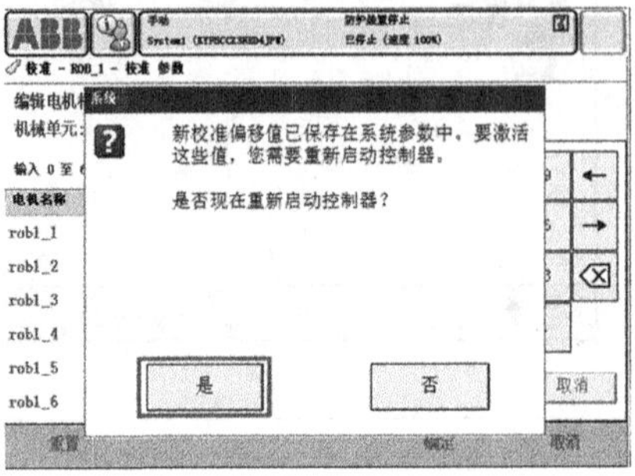	重启机器人控制器

表 2-4-9(续)

步骤	图例	说明
7. 再次进入校准画面，单击“ROB-1”	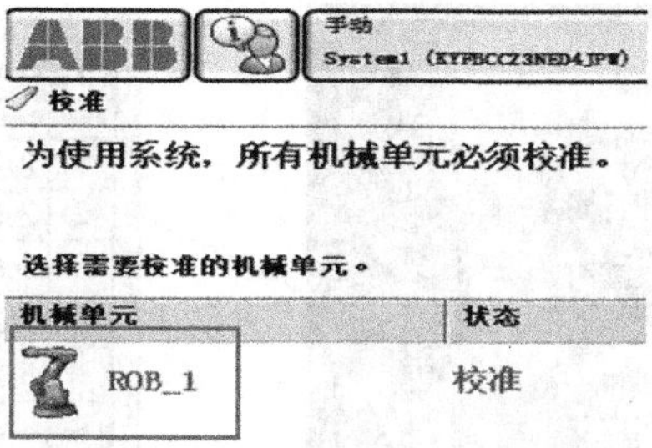	弹出转数计数器更新画面
8. 单击“更新转数计数器...”	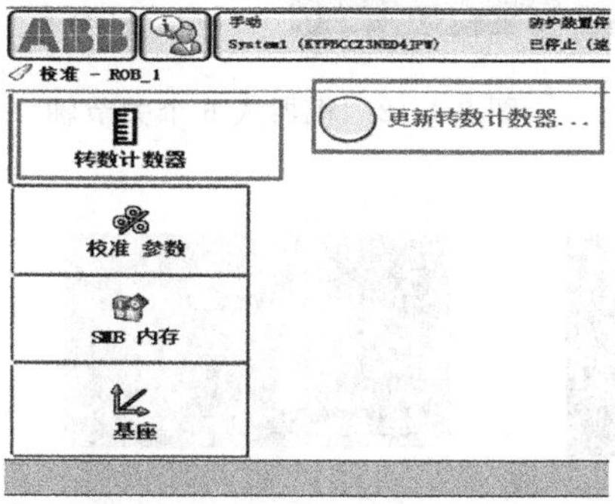	弹出确认对话框
9. 选择“是”	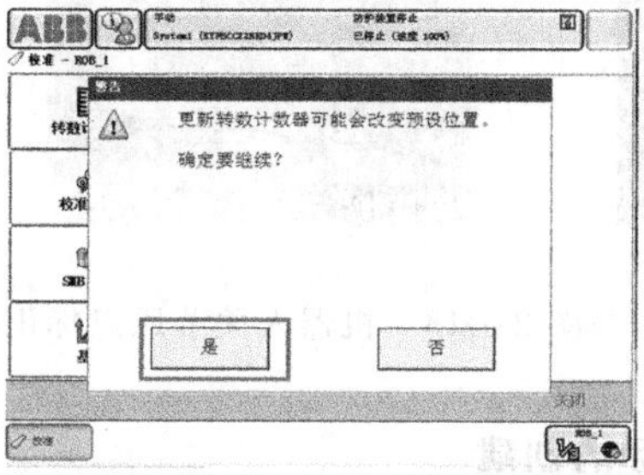	弹出确认对话框
10. 在弹出的确定画面上选择“全选”后点击“更新”	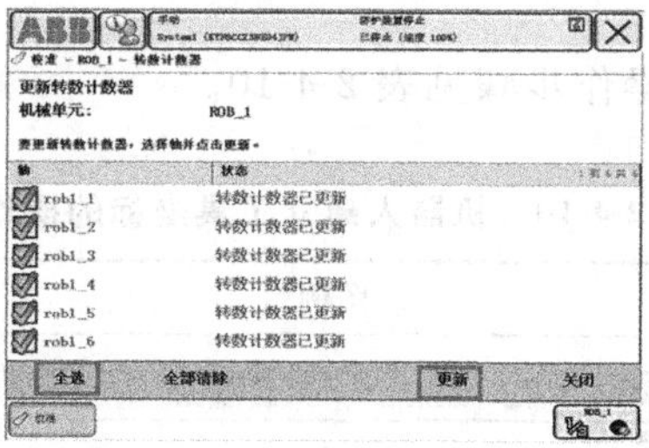	
11. 点击“更新”	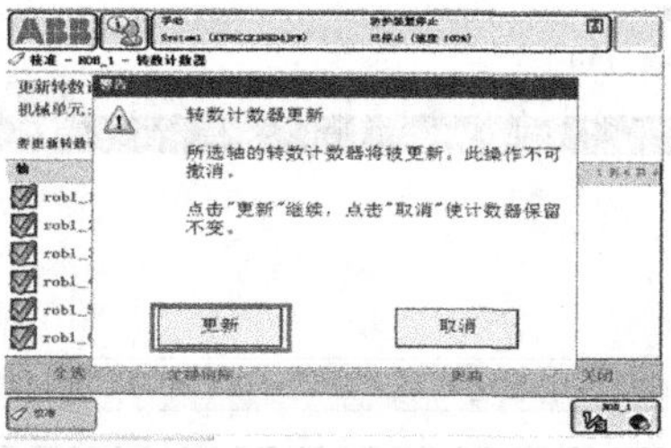	等待更新过程完成即可

手动操作示教器使机器人 6 个关节回到机械原点位置，机械原点在机器人本体上都有标注，不同机器人机械原点位置不同，如图 2-4-12、图 2-4-13 所示。

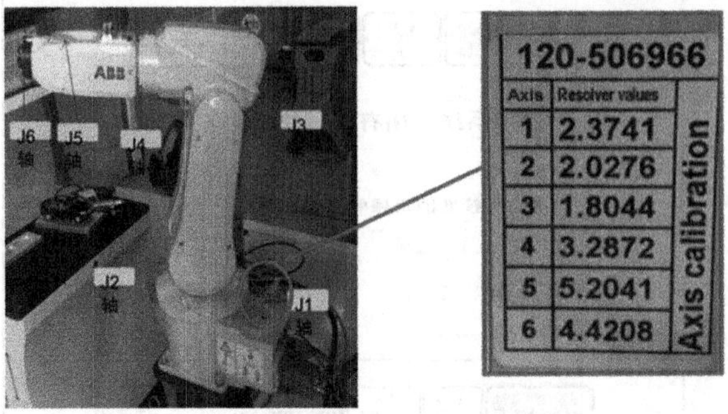

图 2-4-12　机器人 6 个关节轴

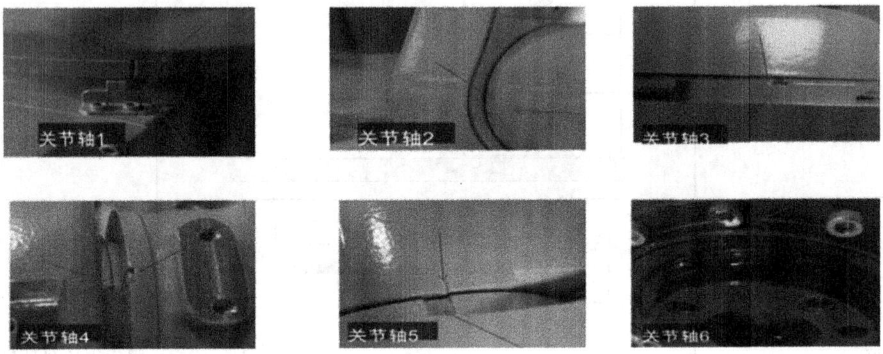

图 2-4-13　机器人关节原点标识

二、工具坐标与工件坐标的创建

1. 创建工具数据

机器人建立工具坐标的操作步骤见表 2-4-10。

表 2-4-10　机器人建立工具坐标的操作步骤

步骤	图例	说明
1. 打开“ABB”菜单，进入“手动操纵”选择“工具坐标”中的“新建”	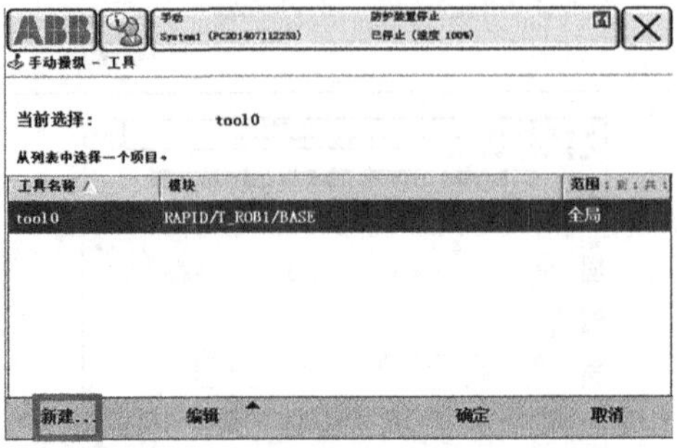	

表 2-4-10(续)

步骤	图例	说明
2. 设定参数，点击“确定”	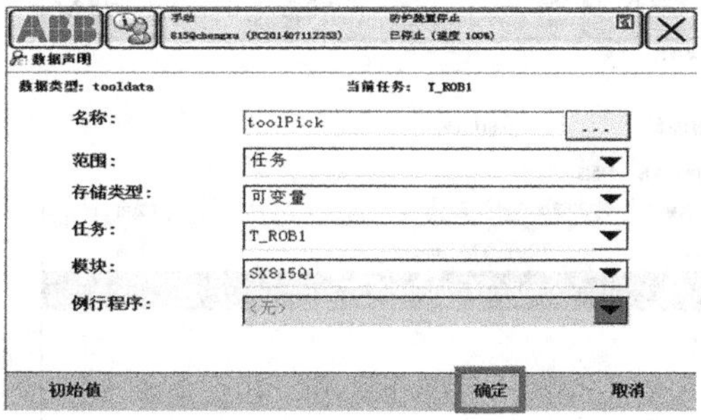	分别设定“名称”“范围”“存储类型”“任务”“模块”等(名称以“toolpick”为例)
3. 选择 toolpick，点击“编辑”中的“更改值”	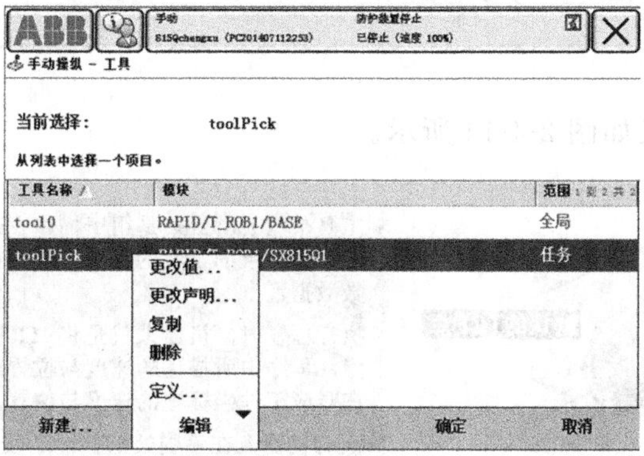	对 toolpick 工具数据进行设定
4. 设置所需要的参数，点击“确定”	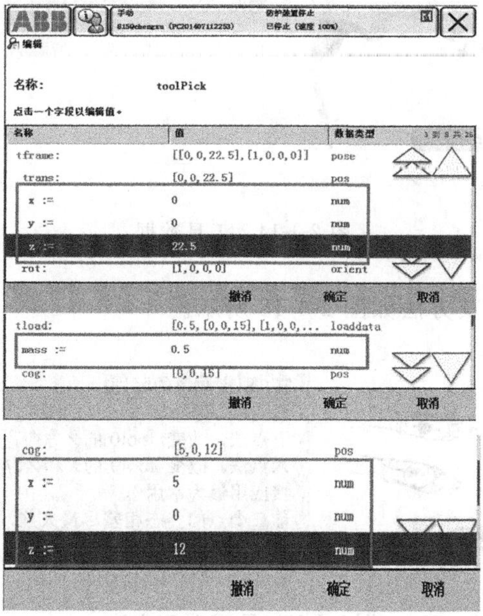	TCP 点偏移设定/工具夹具重量设定/工具夹具重心点设定

表 2-4-10(续)

步骤	图例	说明
5. 点击“确定”	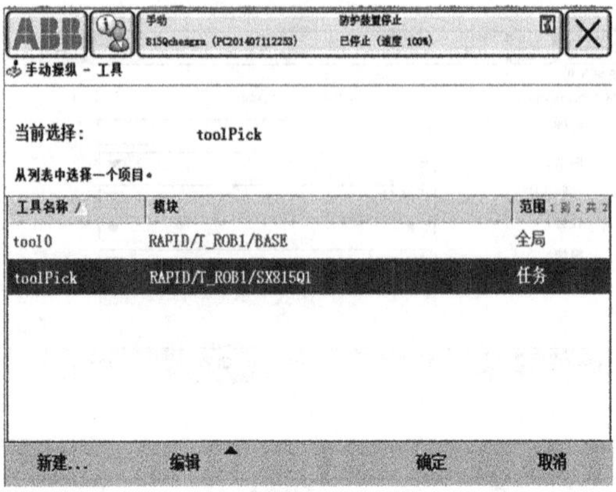	工具数据三个数据设定完后点击“确定”回到工具坐标选项界面,工具数据设定完成

(1) 工具数据的定义如图 2-4-14 所示。

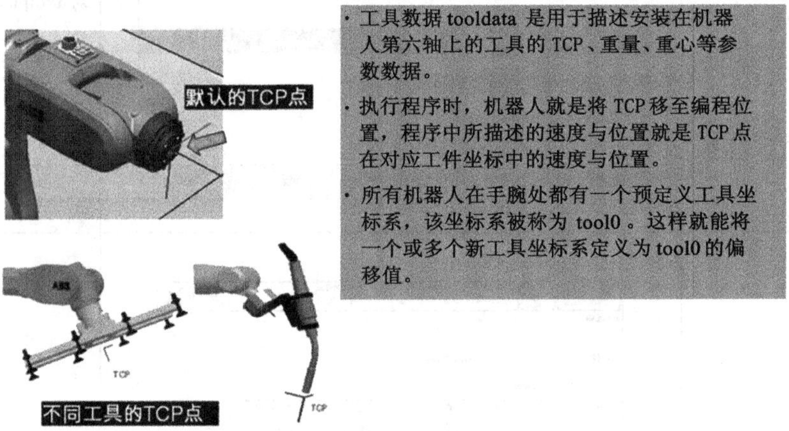

图 2-4-14　工具数据

(2) TCP 的设定原理及方法如图 2-4-15 所示。

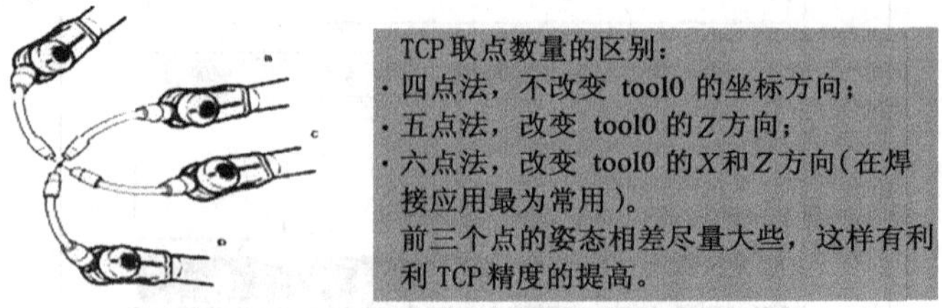

图 2-4-15　TCP 设定方法

首先在机器人工作范围内找一个非常精确的固定点作为参考点，然后在工具上确定一个参考点(最好是工具的中心点 TCP)。通过之前学到的手动操作机器人的方法，去移动工具上的参考点以最少四种不同的机器人姿态尽可能与固定点刚好碰上。为了获得更准确的 TCP，我们在以下的例子中使用六点法进行操作，第四点是用工具的参考点垂直于固定点，第五点是工具参考点从固定点向将要设定为 TCP 的 X 方向移动，第六点是工具参考点从固定点向将要设定为 TCP 的 Z 方向移动。

机器人就可以通过这四个位置点的位置数据计算求得 TCP 的数据，然后 TCP 的数据就保存在 tooldata 这个程序数据中被程序进行调用。

(3) 搬运用的工具数据的设定，设定原理如图 2-4-16 所示。

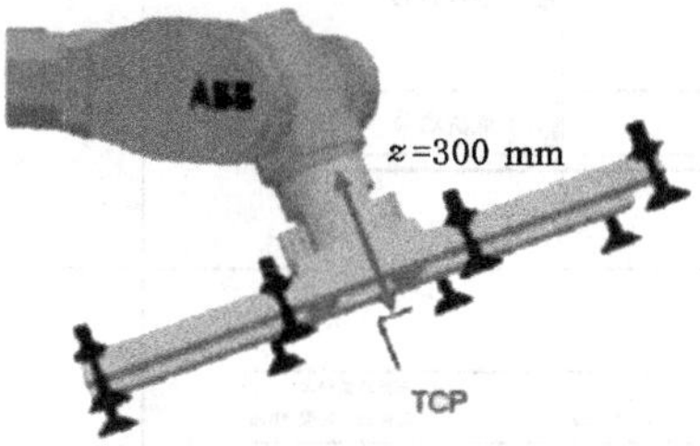

·以图中的搬运薄板的真空吸盘夹具为例，重量是 25 kg，重心在默认 tool0 的 Z 正方向偏移 250 mm， TCP 点设定在吸盘的接触面上，从默认 tool0 上的 Z 正方向偏移了 300 mm 。

图 2-4-16　搬运夹具工具坐标设定

(4) SX-815Q 型工业机器人夹具是气爪和吸盘为一体的，如图 2-4-17 所示，根据夹具实际尺寸和相关参数创建工具数据。

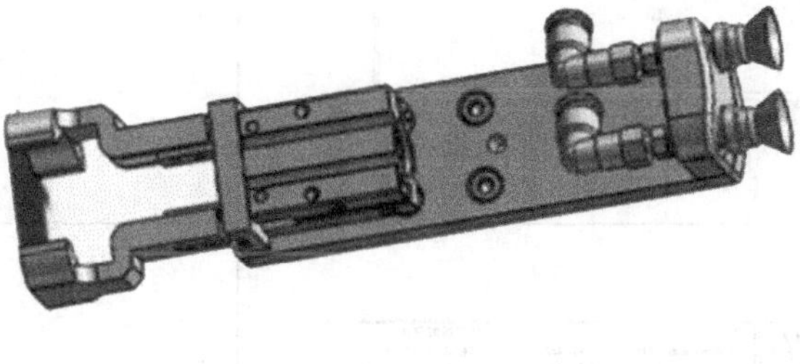

·吸盘夹具重量是 0.5 kg，重心在默认 toopick 的 Z 正方向偏移 12 mm，X 正方向偏移 5 mm，TCP 点设定在夹具的最下端中心，从默认 tool0 上的 Z 正方向偏移 22.5 mm 。

图 2-4-17　机器人夹具工具坐标设定

2. 创建工件坐标数据

机器人建立工件坐标的操作步骤见表 2-4-11。

(1) 工件坐标的设定如图 2-4-18、图 2-4-19 所示。

(2) 在 SX-815 型工业机器人单元中创建一个工件坐标。下面以标签台工件坐标创建为例，其点位图如图 2-4-20 所示。

表 2-4-11　机器人建立工件坐标的操作步骤

步骤	图例	说明
1. 手动模式下打开示教器手动操纵界面	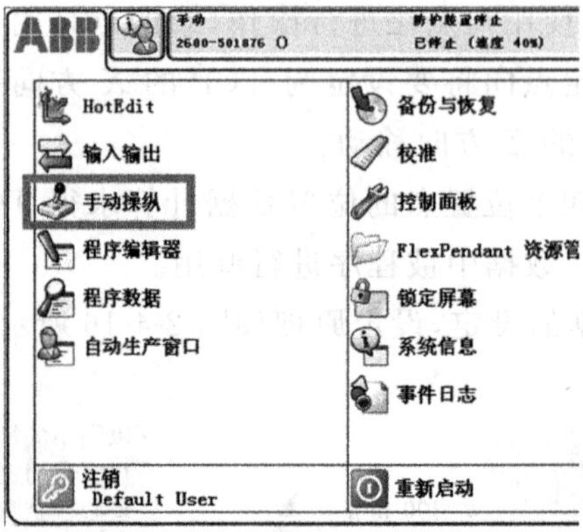	
2. 选择“工件坐标”	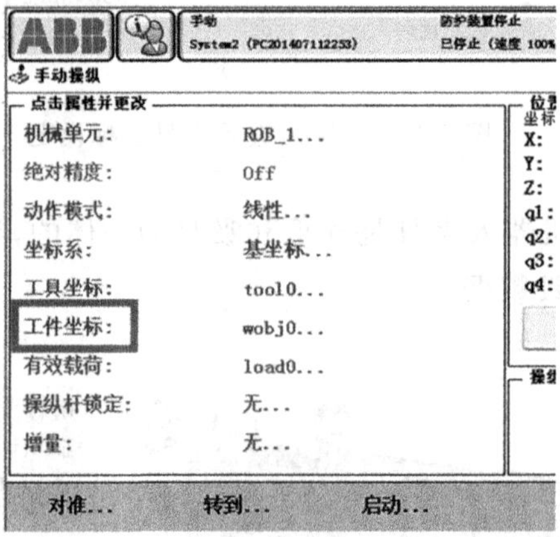	进入工件坐标界面
3. 选择“新建”	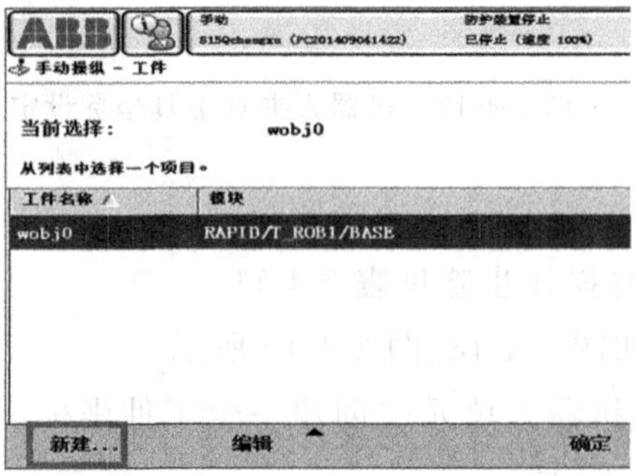	

表 2-4-11(续)

步骤	图例	说明
4. 设置参数,点击“确定”	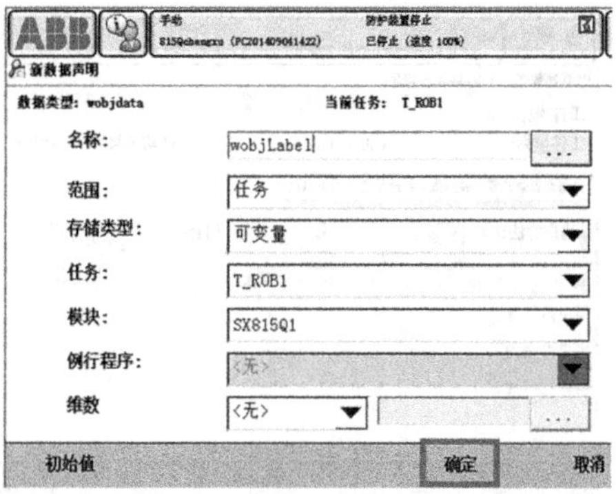	分别设定“名称”“范围”“存储类型”“任务”“模块”等(建立一个“wobjLabel”的工件坐标)
5. 点击“编辑”	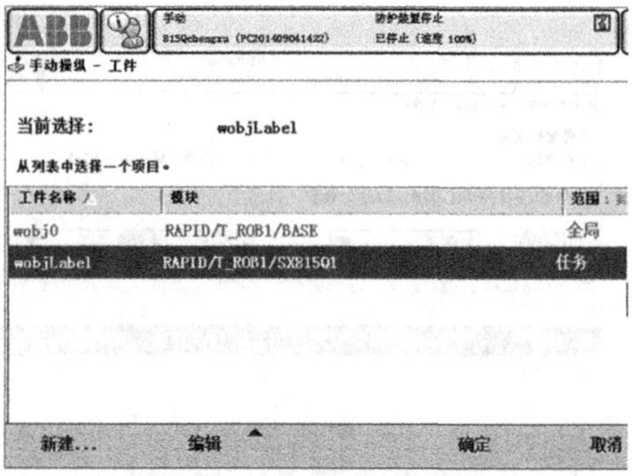	将“动作模式”选为“线性”,“坐标系”选为“基坐标”,“工具坐标”选为“toolpick”,“工件坐标”选中“wobjLabel”
6. 点击“定义”	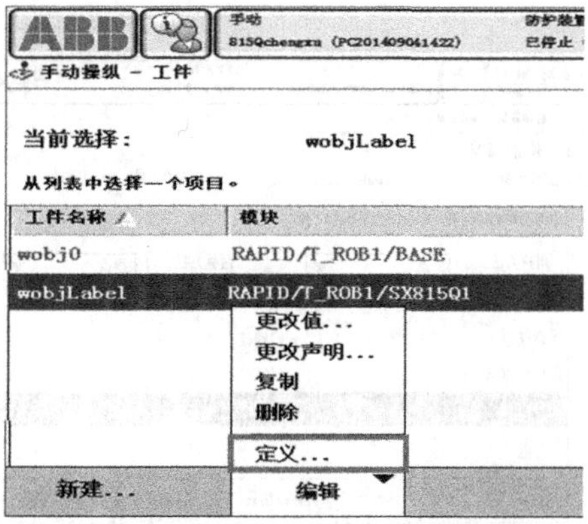	进入“定义画面”

表 2-4-11(续)

步骤	图例	说明
7. “用户方法”选择“3 点”	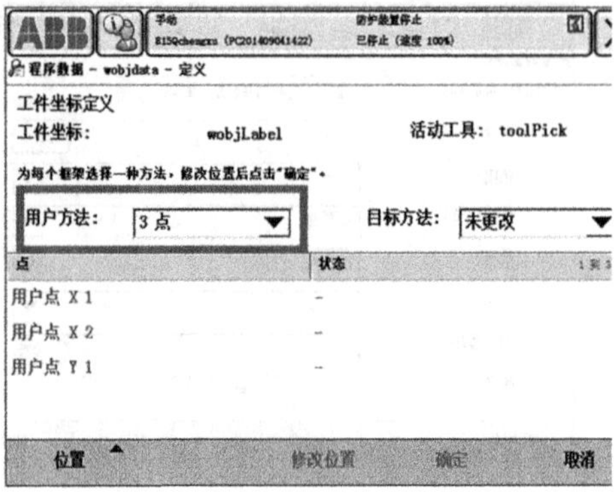	
8. 在示教器上选“X_1”，再点击“修改位置”，此时“X_1”已修改完成	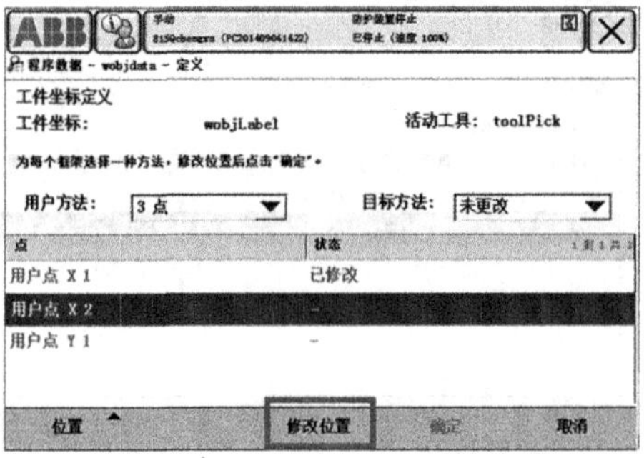	设定(修改)工件坐标 X_1、X_2、Y_1 点，在机器人夹具上绑上一支笔，手动操纵机器人使夹具上的笔尖对准码垛台的 X_1 点
9. 重复上一个步骤，修改“X_2”和“Y_1”，三个点都正确修改后，点击示教器 wobjLabel 界面的“确定”	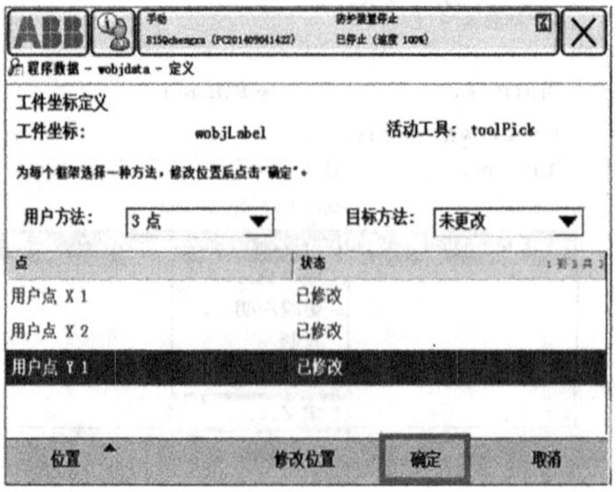	标签台工件坐标设定完成

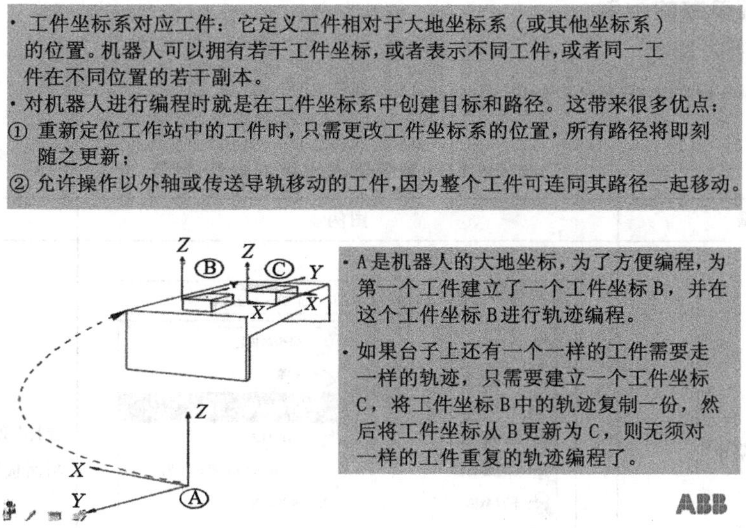

图 2-4-18 工件坐标的设定 1

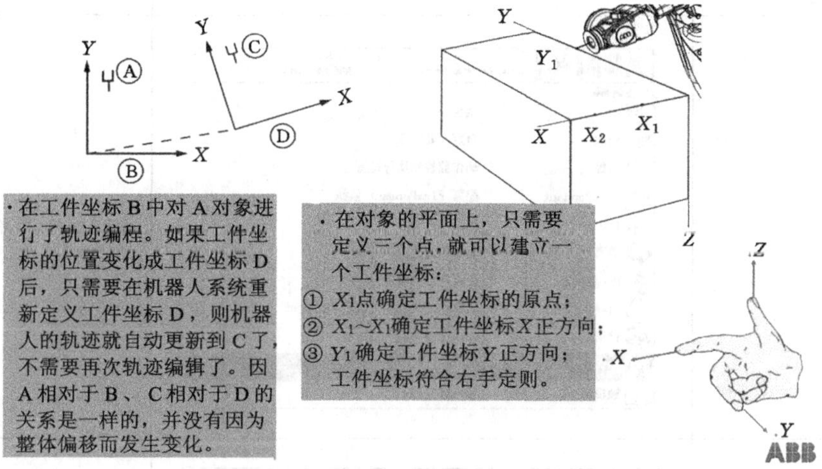

图 2-4-19 工件坐标的设定 2

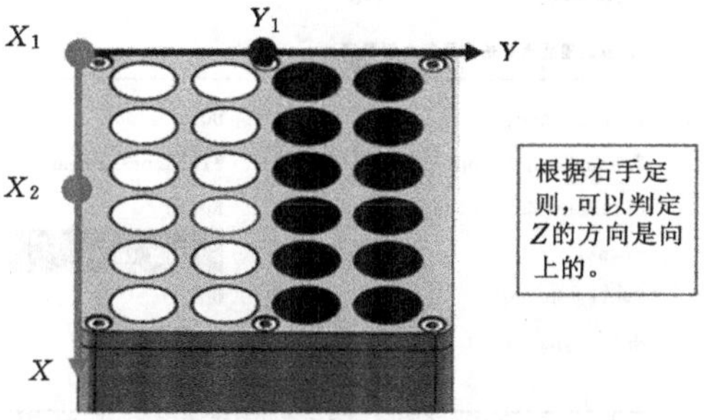

图 2-4-20 点位图

三、系统参数的配置

1. 系统输入设定

系统输入设定的操作步骤见表 2-4-12。

表 2-4-12　系统输入设定的操作步骤

步骤	图例	说明
1. 打开“ABB”菜单	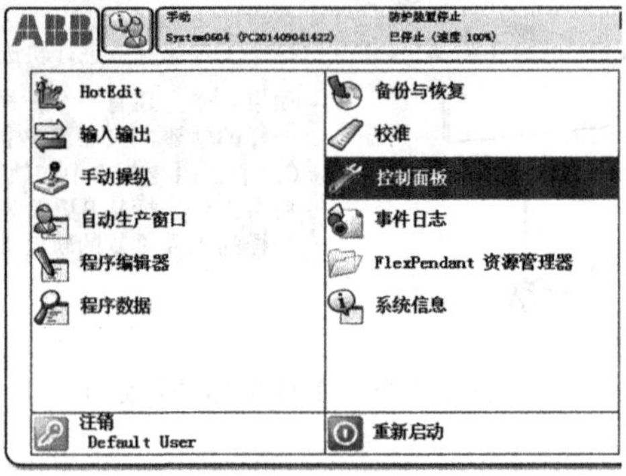	选择“控制面板”，弹出“控制面板”画面
2. 点击“配置”	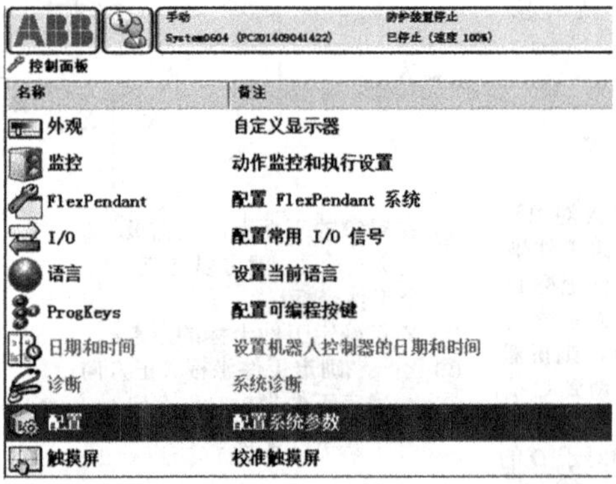	进入“配置”菜单
3. 选择菜单中的“System Input”		

表 2-4-12(续)

<table>
<tr><th>步骤</th><th>图例</th><th>说明</th></tr>
<tr><td>4. 点击“添加”</td><td>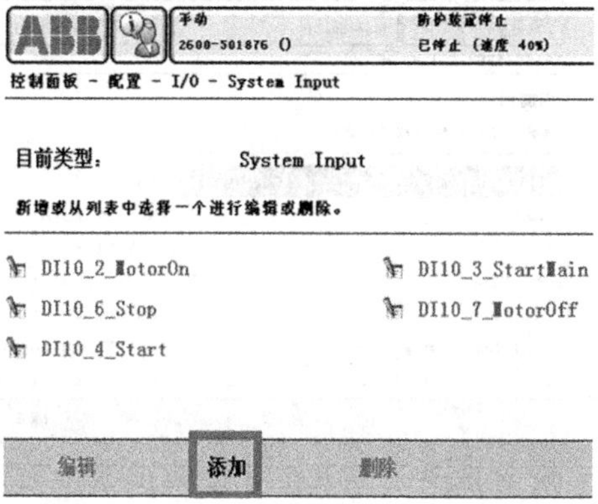
</td><td>进入“System Input”后对所需要的系统控制信号进行关联</td></tr>
<tr><td>5. 点击机器人 I/O“Signal Name”进行设定</td><td>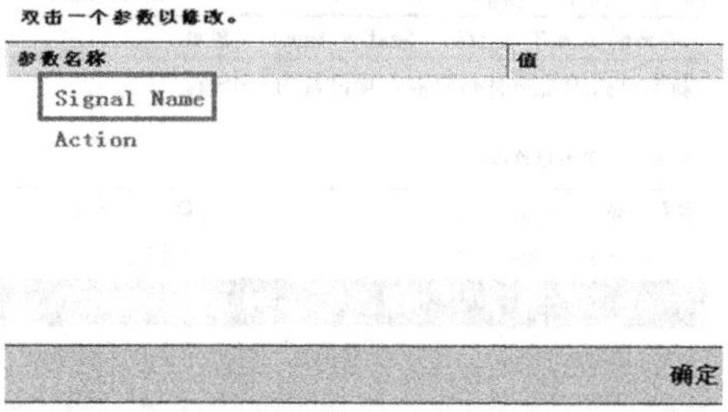
</td><td></td></tr>
<tr><td>6. 选择“Di01”,点击“确定”</td><td>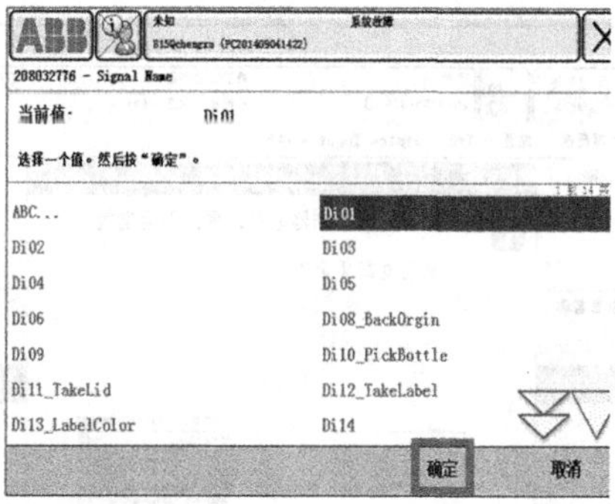
</td><td></td></tr>
<tr><td>7. 点击机器人 I/O“Action”进行设定</td><td>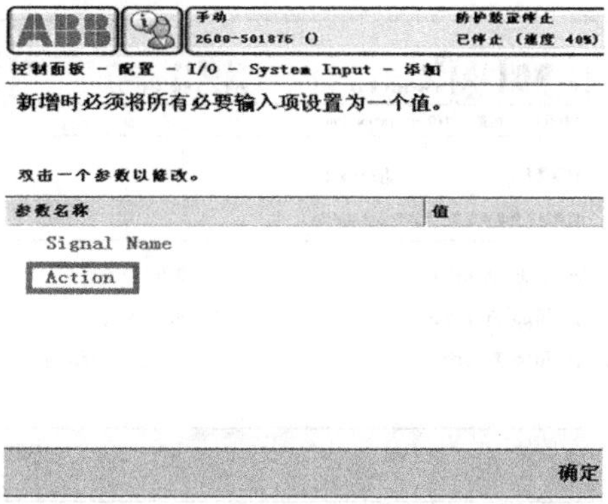
</td><td></td></tr>
</table>

表 2-4-12(续)

<table>
<tr><th>步骤</th><th>图例</th><th>说明</th></tr>
<tr><td>8. 选中“Motor On”，然后点击“确定”</td><td>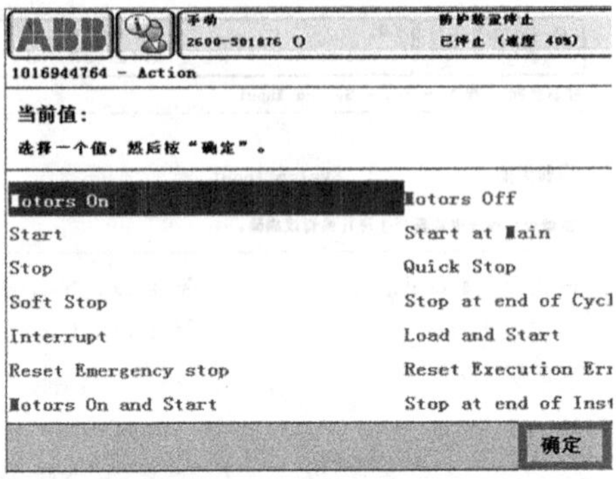
</td><td></td></tr>
<tr><td>9. 设定完成，点击“确定”</td><td>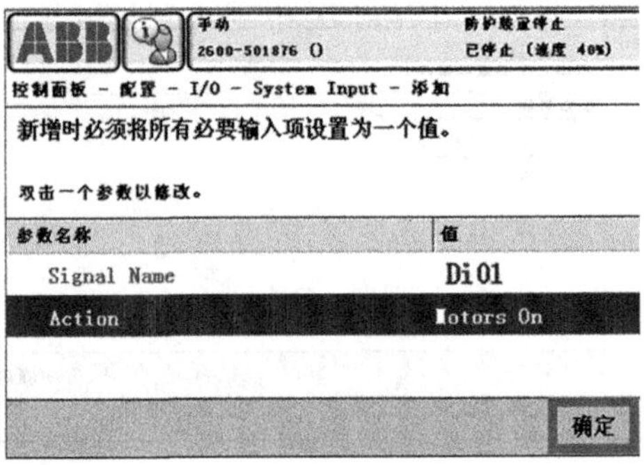
</td><td>示教器上会弹出是否重启控制器</td></tr>
<tr><td>10. 先点击“否”，等系统输入和系统输出全部都关联好后再点击“是”，重启控制器</td><td>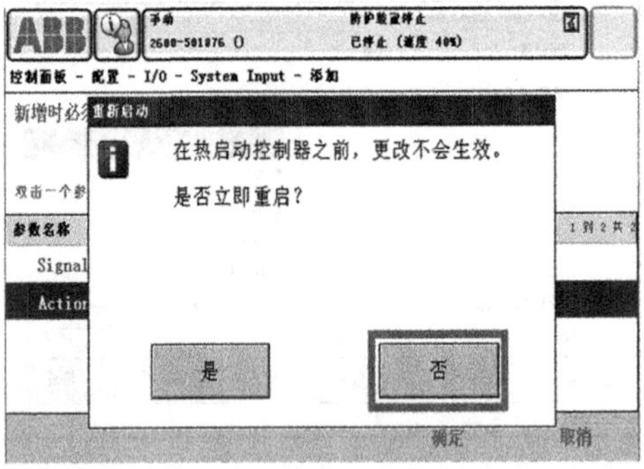
</td><td></td></tr>
<tr><td>11. 按照以上系统输入关联设定方法，对其他关联信号进行设定</td><td>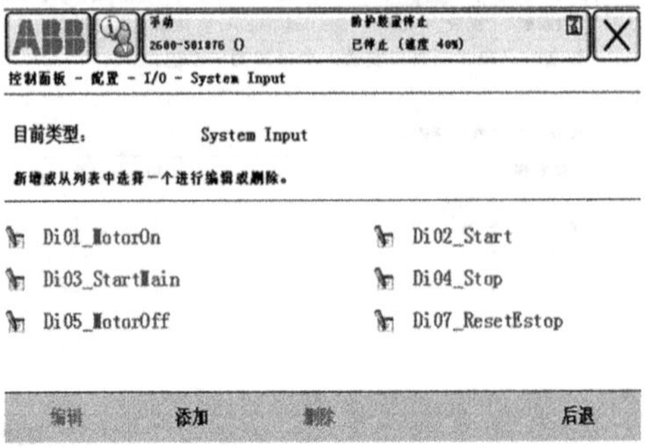
</td><td></td></tr>
</table>

2. 系统输出设定

输出的设定与输入设定方法一样，分别关联各输出信号；待所有信号全部关联，在弹出的“是否重启控制器选项”选择“是”，完成设定。

四、程序数据修改

手动模式下打开机器人示教器手动操纵界面，将“工件坐标”选为修改点所用工件坐标，见表 2-4-13。

表 2-4-13　示教点的修改

步骤	图例	说明
1. 打开“ABB”菜单，选择“手动操纵”	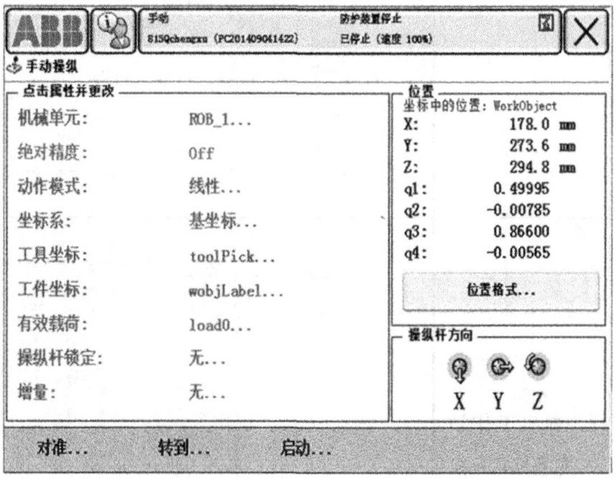	
2. 手动操纵机器人到所要修改点的位置，进入“程序数据”中的“robtarget”，选择所要修改的点，点击“编辑”中的“修改位置”完成修改	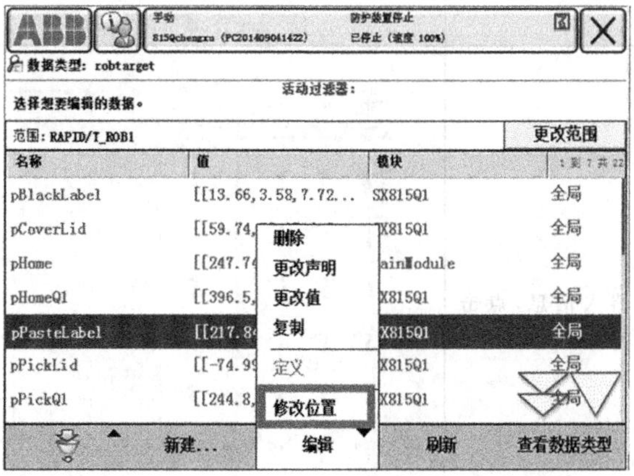	

五、机器人软件 RobotStudio 的使用

工作站的建立见表 2-4-14。

表 2-4-14 工作站的建立

步骤	图例	说明
1. 点击桌面图标  ,进入创建画面	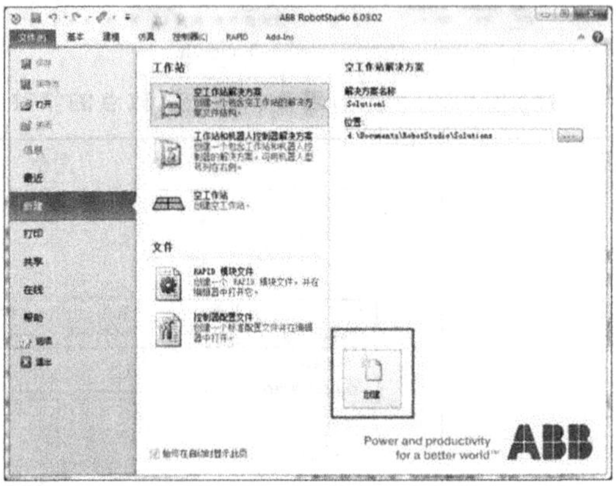	
2. 点击“创建”图标，弹出工作站画面，点击“ABB 模型库”下拉菜单	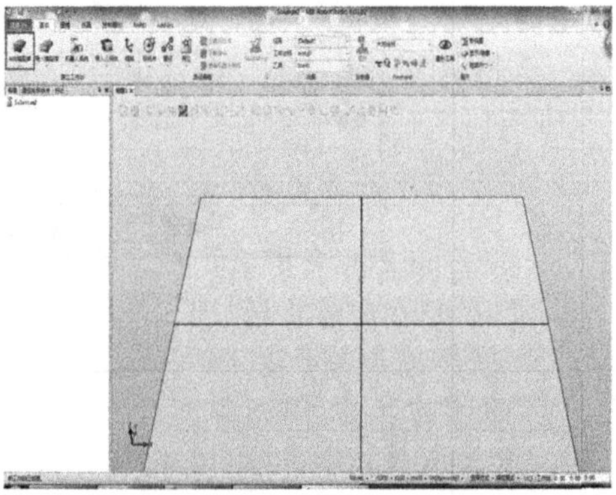	
3. 弹出所选机器人信息，点击“确定”	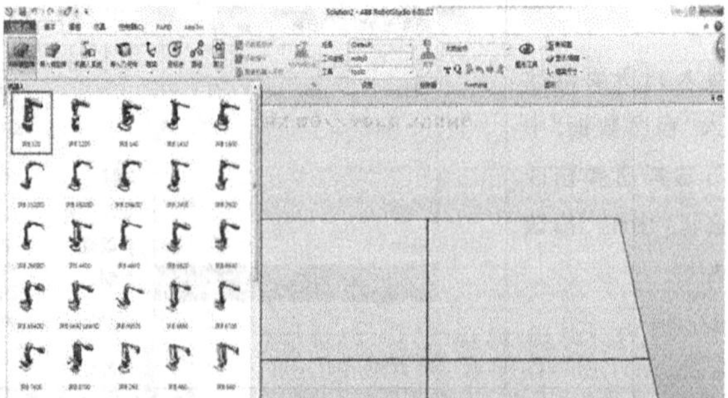	

表 2-4-14(续)

步骤	图例	说明
4. 点击“机器人系统”下拉菜单	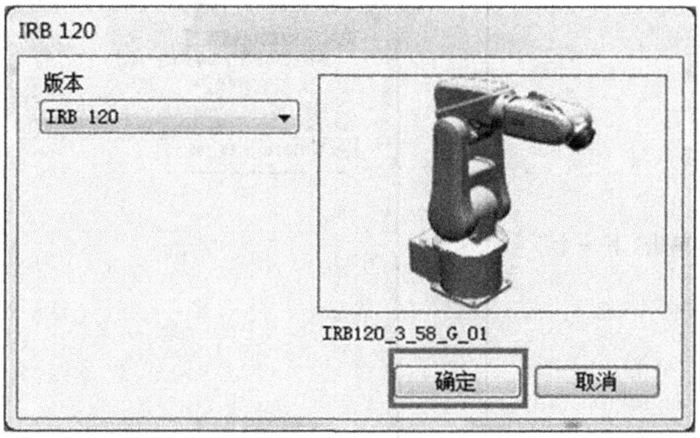	
5. 选择“从布局…”	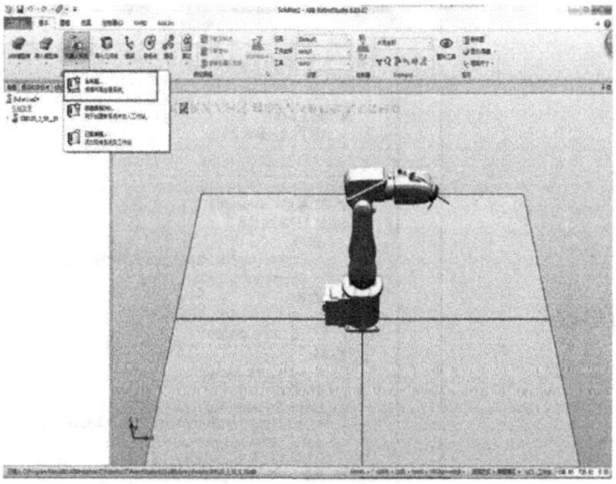	
6. 弹出对话框，点击“下一个”	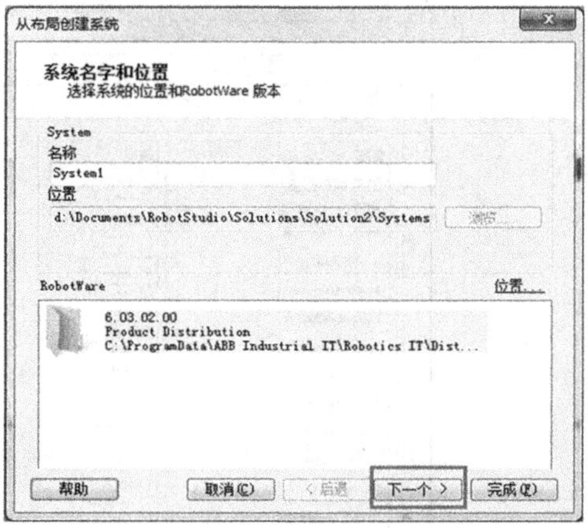	

表 2-4-14(续)

步骤	图例	说明
7. 勾选选择项,单击“下一个”	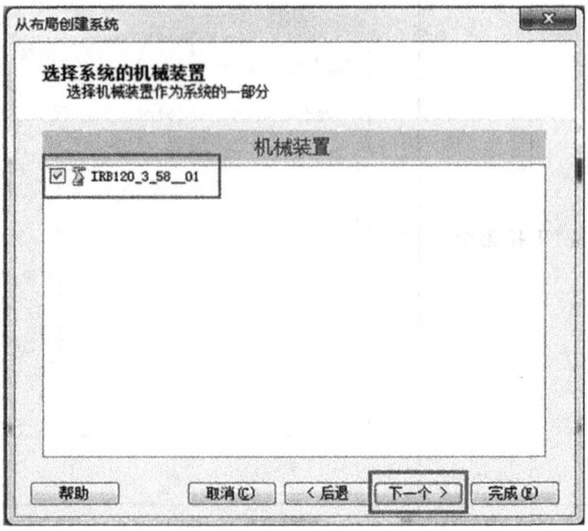	
8. 单击“选项”进行修改	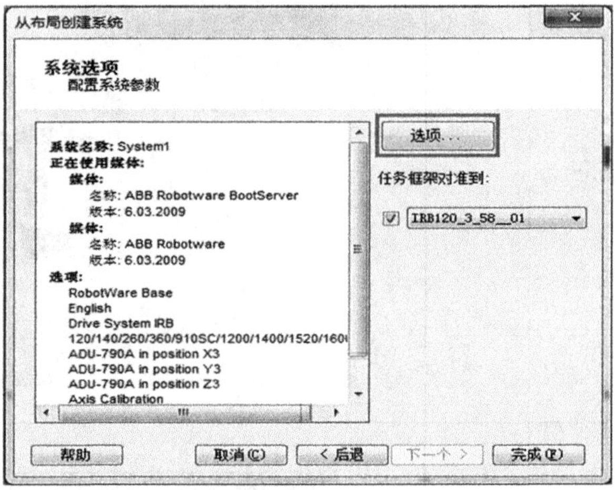	
9. 勾选为中文	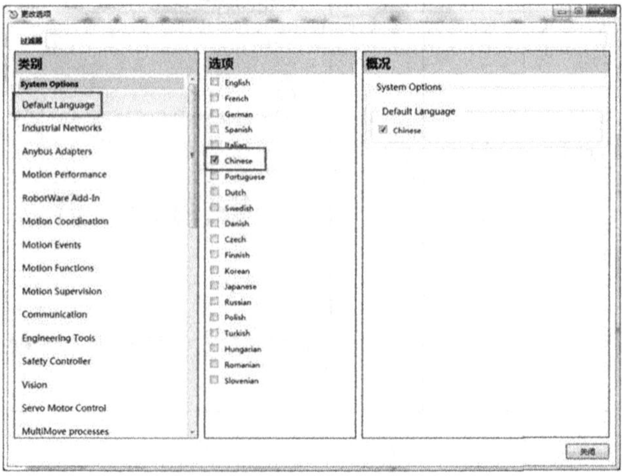	

表 2-4-14(续)

步骤	图例	说明
10. 根据需要勾改其他选项，然后点击“关闭”	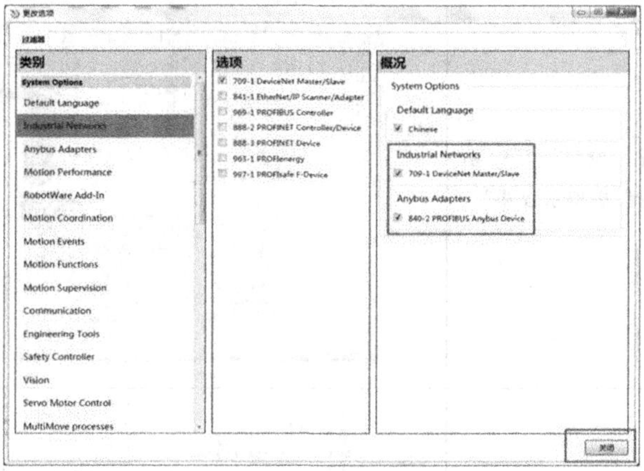	
11. 选择“完成”，点击“确定”，回到系统对话框，点击“完成”	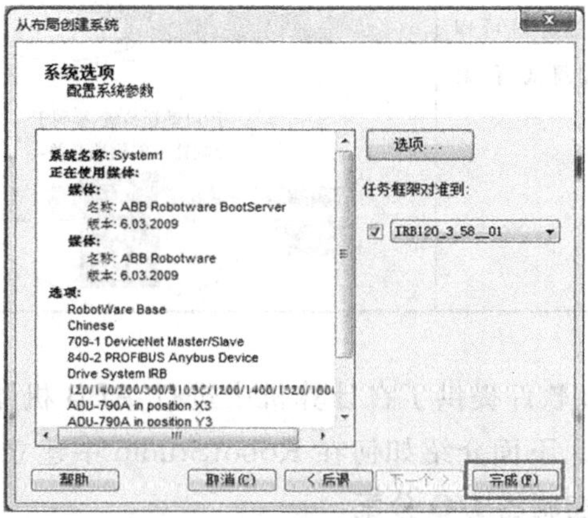	
12. 当右下角控制器的状态由红色变为绿色，系统创建完成	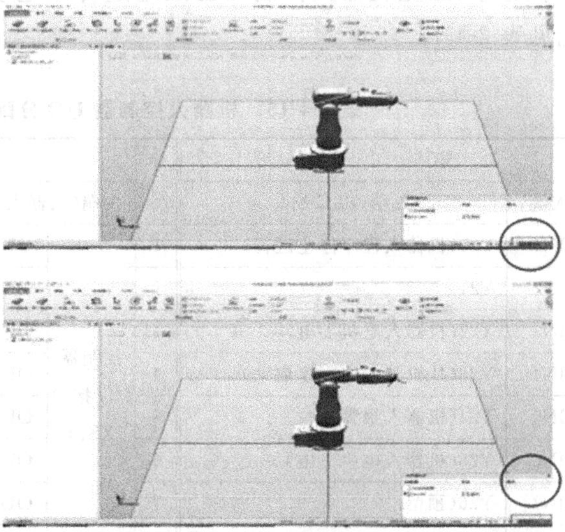	

表 2-4-14(续)

步骤	图例	说明
13. 打开工具栏“控制器”→“示教器”，选择“虚拟示教器”	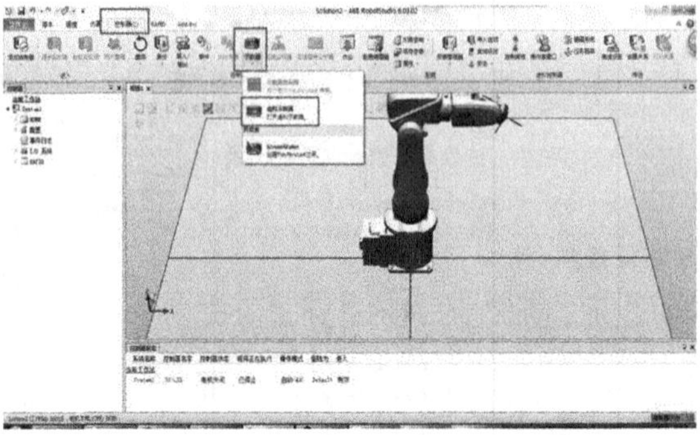	
14. 打开虚拟示教，在这里可以进行设置、编程、调试、仿真等功能	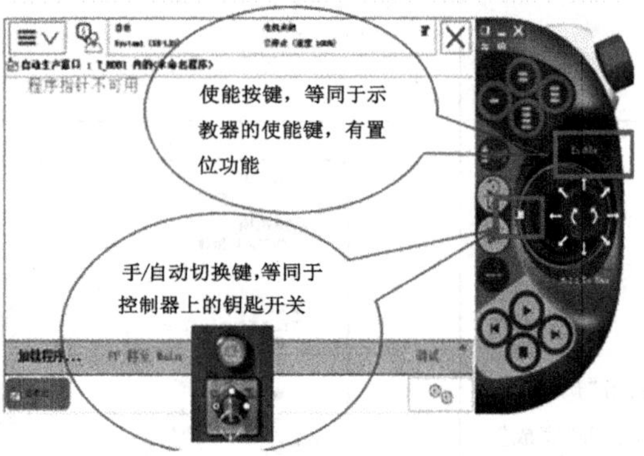	

RobotStudio 软件提供了在计算机中进行 ABB 机器人工作站的建立、虚拟示教器操作等模拟仿真功能。下面介绍如何在 RobotStudio 中建立工作站。

六、机器人控制器 I/O 分配

在上一个任务中，工业机器人控制器已经通过专用电缆与 PLC 进行了连接，控制器的 I/O 信号分配见表 2-4-15。

表 2-4-15 机器人控制器 I/O 分配表

序号	输入			序号	输出		
	A 端(机器人端)		B 端(PLC 端)		A 端(机器人端)		B 端(PLC 端)
1	控制器 I/O 接口 XS12	IN1	Y20(机器人程序停止运行)	1	控制器 I/O 接口 XS14	OUT1	X20(机器人处于自动模式)
2		IN2	Y21	2		OUT2	X21
3		IN3	Y22(机器人电机上电)	3		OUT3	X22(机器人急停中)
4		IN4	Y23(从机器人主程序启动)	4		OUT4	X23(机器人报警)
5		IN5	Y24(机器人报警复位)	5		OUT5	X24(机器人电机上电)
6		IN6	Y25(机器人电机下电)	6		OUT6	X25(机器人程序正在运行中)
7		IN7	Y26(预留)	7		OUT7	X26(回到原点位置)
8		IN8	Y27(预留)	8		OUT8	X27(瓶搬运完成)

表 2-4-15(续)

序号	输入			序号	输出		
	A 端(机器人端)		B 端(PLC 端)		A 端(机器人端)		B 端(PLC 端)
1	控制器 I/O 接口 XS13	IN9	Y30(机器人开始搬运)	1	控制器 I/O 接口 XS15	OUT9	X30(盖搬运完成)
2		IN10	Y31(瓶位置)	2		OUT10	X31(签搬运完成)
3		IN11	Y32(盖位置)	3		OUT11	X32(运行中)
4		IN12	Y33(签位置)	4		OUT12	X33(预留)
5		IN13	Y34(标签颜色区别)	5		OUT13	
6		IN14	Y35	6		OUT14	手爪
7		IN15	Y36	7		OUT15	吸盘 A
8		IN16	Y37	8		OUT16	吸盘 B

七、机器人程序编写(部分参考)

1. 机器人程序说明

机器人程序说明如图 2-4-21 所示。

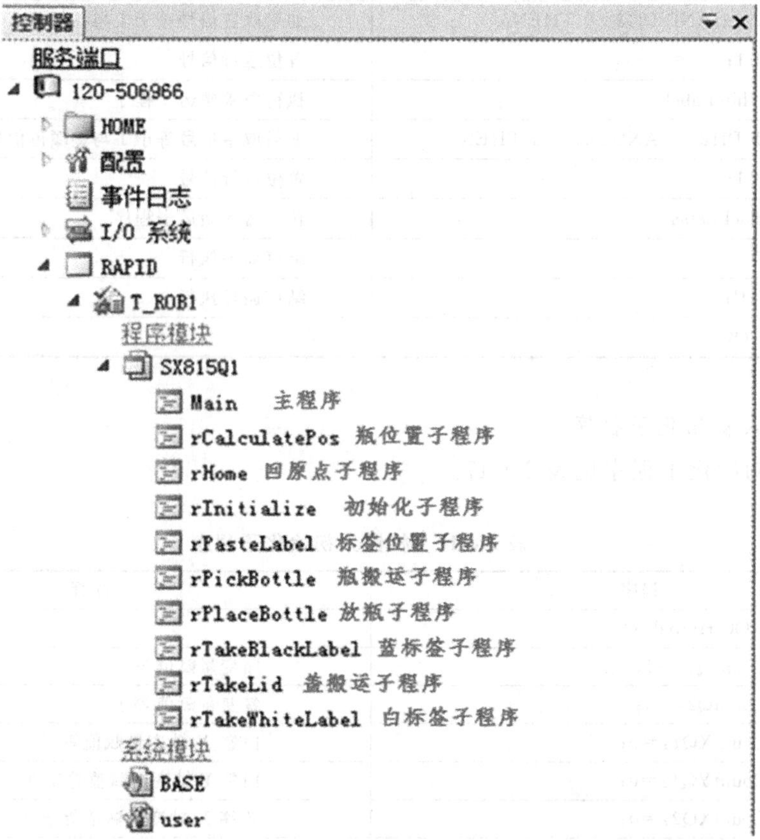

图 2-4-21　机器人程序说明

2. 机器人主程序

机器人主程序见表 2-4-16。

表 2-4-16 机器人主程序

程序	注释
PROC Main()	主程序
rInitialize;	初始化子程序
WHILE TRUE DO	循环执行
IF DI10=1 THEN	如果取瓶信号等于 1 执行
Reset DO7;	复位原点信号
Set DO11;	置位运行信号
rPickBottle;	执行瓶搬运子程序
ENDIF	结束如果执行
IF DI11=1 THEN	如果取盖信号等于 1 执行
Set DO11;	置位运行信号
rTakeLid;	执行盖搬运子程序
ENDIF	结束如果执行
IF DI12=1 AND DI13=0 THEN	如果取签信号等于 1 与签颜色信号等于 0 执行
Set DO11;	置位运行信号
rTakeWhiteLabel;	执行白签搬运子程序
ELSEIF DI12=1 AND DI13=1 THEN	如果取签信号等于 1 与签颜色信号等于 1 执行
Set DO11;	置位运行信号
rTakeBlackLabel;	执行蓝签搬运子程序
ENDIF	结束如果执行
ENDWHILE	结束循环执行
ENDPROC	

3. 机器人初始化子程序

机器人初始化子程序见表 2-4-17。

表 2-4-17 机器人初始化子程序

程序	注释
PROC rInitialize()	
nCountQ1:=1;	瓶变量赋值等于 1
nCountQ2:=0;	签变量赋值等于 1
nCountXQ1:=0;	白签 X 轴变量赋值等于 0
nCountYQ1:=0;	白签 Y 轴变量赋值等于 0
nCountXQ2:=0;	蓝签 X 轴变量赋值等于 0
nCountYQ2:=0;	蓝签 Y 轴变量赋值等于 0
Reset DO11;	复位运行信号

表 2-4-17(续)

程序	注释
Reset DO8；	复位瓶搬运完成信号
Reset DO9；	复位盖搬运完成信号
Reset DO10；	复位签搬运完成信号
Reset DO14；	复位抓手夹具信号
Reset DO15；	复位吸盘 A 夹具信号
Reset DO16；	复位吸盘 B 夹具信号
rHome；	执行机器人回原点子程序

4. 机器人瓶搬运子程序

机器人瓶搬运子程序见表 2-4-18。

表 2-4-18　机器人瓶搬运子程序

程序	注释
PROC rPickBottle()	
WaitDI DI10,1；	等待取瓶信号等于 1 执行
MoveJ pQ1,v300,z20,tool0；	关节执行 pQ1 位置
MoveJ Offs(pPickQ1,0,0,80),v600,z50,tool0；	关节执行偏移 pPickQ1 位置上方 80 mm
MoveL pPickQ1,v200,fine,tool0； WaitTime 0.5；	直线执行 pPickQ1 位置 等待 0.5 s
Set DO14；	置位抓手夹具
WaitTime 0.5；	等待 0.5 s
MoveL Offs(pPickQ1,0,0,80),v200,z30,tool0；	直线执行偏移 pPickQ1 位置上方 80 mm
MoveJ pQ2,v300,z20,tool0；	关节执行 pQ2 位置
rPlaceBottle；	执行放瓶子程序

5. 机器人签搬运子程序

机器人签搬运子程序见表 2-4-19。

表 2-4-19　机器人签搬运子程序

程序	注释
PROC rTakeLid()	
WaitDI DI11,1；	等待取盖信号等于 1 执行
MoveJ pQ4,v500,z50,tool0；	关节执行 pQ4 位置
MoveJ Offs(pPickLid,0,0,70),v300,z20,tool0；	关节执行偏移 pPickLid 位置上方 70 mm
MoveL pPickLid,v100,fine,tool0；	直线执行 pPickLid 位置
WaitTime 0.5；	等待 0.5 s
Set DO15；	置位吸盘 A 夹具

表 2-4-19(续)

程序	注释
Set DO16;	置位吸盘 B 夹具
WaitTime 0.5;	等待 0.5 s
MoveL Offs(pPickLid,0,0,70),v150,fine,tool0;	直线执行偏移 pPickLid 位置上方 70 mm
MoveJ Offs(pCoverLid,0,0,70),v150,fine,tool0;	关节执行偏移 pCoverLid 位置上方 70 mm
MoveL pCoverLid,v100,fine,tool0;	直线执行 pCoverLid 位置
reSet DO15;	复位吸盘 A 夹具
reSet DO16;	复位吸盘 B 夹具
WaitTime 0.5;	等待 0.5 s
MoveL Offs(pCoverLid,0,0,100),v200,z50,tool0;	直线执行偏移 pCoverLid 位置上方 100 mm
Set DO9;	置位盖完成信号
WaitTime 0.5;	等待 0.5 s
Reset DO9;	复位盖完成信号
Reset DO11;	复位运行信号
MoveJ pHomeQ1, v600, fine, tool0\Wobj:=wobj0;	关节执行 pHomeQ1 位置

6. 机器人盖搬运子程序

机器人盖搬运子程序见表 2-4-20。

表 2-4-20 机器人盖搬运子程序

程序	注释
PROC rTakeWhiteLabel()	
nXoffsetLabelWhite:=nCountXQ1 * nXoffsetBaseL;	白标签 X 轴偏移距离
nYoffsetLabelWhite:=nCountYQ1 * nYoffsetBaseL;	白标签 Y 轴偏移距离
MoveJ Offs(pWhiteLabel, nXoffsetLabelWhite, nYoffsetLabelWhite, 100), v600,z20,tool0\Wobj:=wobjLabel;	关节执行偏移 pWhiteLabel 位置上方 100 mm
MoveL Offs(pWhiteLabel, nXoffsetLabelWhite, nYoffsetLabelWhite, 0),v200, fine,tool0\Wobj:=wobjLabel;	直线执行偏移 pWhiteLabel 位置
WaitTime 0.5;	等待 0.5 s
Set DO15;	置位吸盘 A 夹具
WaitTime 0.5;	等待 0.5 s
MoveL Offs(pWhiteLabel, nXoffsetLabelWhite, nYoffsetLabelWhite, 100), v600,z50,tool0\Wobj:=wobjLabel;	直线执行偏移 pWhiteLabel 位置上方 100 mm
nCountXQ1:=nCountXQ1+1;	白标签 X 轴偏移距离赋值加 1
IF nCountXQ1>=6 AND nCountYQ1=0 THEN	如果 nCountXQ1≥6 与 nCountYQ1=0 执行
nCountXQ1:=0;	白标签 X 轴偏移距离赋值等于 0
nCountYQ1:=1;	白标签 Y 轴偏移距离赋值等于 1

表 2-4-20(续)

程序	注释
ELSEIF nCountXQ1>=6 AND nCountYQ1=1 THEN	或如果 nCountXQ1≥6 与 nCountYQ1=1 执行
nCountXQ1:=0;	白标签 X 轴偏移距离赋值等于 0
nCountYQ1:=0;	白标签 Y 轴偏移距离赋值等于 0
ENDIF	结束如果执行
rPasteLabel;	执行贴标子程序

7. 机器人白色签搬运子程序

机器人白色签搬运子程序见表 2-4-21。

表 2-4-21　机器人白色签搬运子程序

程序	注释
PROC rTakeBlackLabel()	
nXoffsetLabelBlack:=nCountXQ2 * nXoffsetBaseL;	蓝标签 X 轴偏移距离
nYoffsetLabelBlack:=nCountYQ2 * nYoffsetBaseL;	蓝标签 Y 轴偏移距离
MoveJ Offs(pBlackLabel,nXoffsetLabelBlack,nYoffsetLabelBlack,100),v600,z20,tool0\Wobj:=wobjLabel;	关节执行偏移 pBlackLabel 位置上方 100 mm
MoveL Offs(pBlackLabel,nXoffsetLabelBlack,nYoffsetLabelBlack,0),v200,fine,tool0\Wobj:=wobjLabel;	直线执行偏移 pBlackLabel 位置
WaitTime 0.5;	等待 0.5 s
Set DO15;	置位吸盘 A 夹具
WaitTime 0.5;	等待 0.5 s
MoveL Offs(pBlackLabel,nXoffsetLabelBlack,nYoffsetLabelBlack,100),v200,z50,tool0\Wobj:=wobjLabel;	直线执行偏移 pBlackLabel 位置上方 100 mm
nCountXQ2:=nCountXQ2+1;	蓝标签 X 轴偏移距离赋值加 1
IF nCountXQ2>=6 AND nCountYQ2=0 THEN	如果 nCountXQ2≥6 与 nCountYQ2=0 执行
nCountXQ2:=0;	蓝标签 X 轴偏移距离赋值等于 0
nCountYQ2:=1;	蓝标签 Y 轴偏移距离赋值等于 1
ELSEIF nCountXQ2>=6 AND nCountYQ2=1 THEN	或如果 nCountXQ2≥6 与 nCountYQ2=1 执行
nCountXQ2:=0;	蓝标签 X 轴偏移距离赋值等于 0
nCountYQ2:=0;	蓝标签 Y 轴偏移距离赋值等于 0
ENDIF	结束如果执行
rPasteLabel;	执行贴标子程序

8. 机器人蓝色签搬运子程序

机器人蓝色签搬运子程序见表 2-4-22。

表 2-4-22 机器人蓝色签搬运子程序

程序	注释
PROC rPasteLabel()	
nYoffsetPaste:=nCountQ2 * nYoffsetBaseP;	赋值 nYoffsetPaste(Y 轴)
MoveJ pQ5,v600,z50,tool0\Wobj:=wobj0;	关节执行 pQ5 位置
MoveJ Offs(pPasteLabel,50,nYoffsetPaste,0),v200,z20,tool0;	关节执行偏移 pPasteLabel 位置 X 轴前方 50 mm
MoveL Offs(pPasteLabel,0,nYoffsetPaste,0),v200,fine,tool0;	直线执行偏移 pPasteLabel 位置
WaitTime 0.5;	等待 0.5 s
Reset DO15;	复位吸盘 A 夹具
WaitTime 0.5;	等待 0.5 s
MoveJ Offs(pPasteLabel,50,nYoffsetPaste,0),v200,z30,tool0;	关节执行偏移 pPasteLabel 位置 X 轴前方 50 mm
nCountQ2:=nCountQ2+1;	赋值 nCountQ2(签个数)加 1
Set DO10;	置位贴标签完成信号
WaitTime 1;	等待 1 s
Reset DO10;	复位贴标签完成信号
IF nCountQ2>=4 THEN	如果 nCountQ2≥4 执行
nCountQ2:=0;	赋值 nCountQ2=0
Reset DO11;	复位运行信号
MoveJ pHomeQ1,v600,fine,tool0\Wobj:=wobj0;	关节执行 pHomeQ1 位置
ELSEIF DI12=1 THEN	或如果取标签信号等于 1 执行
MoveJ pQ5,v600,z50,tool0\Wobj:=wobj0;	关节执行 pQ5 位置
ENDIF	结束如果执行

9. 机器人运动轨迹

(1) 瓶搬运运动轨迹

瓶搬运运动轨迹如图 2-4-22 所示。

(2) 盖搬运运动轨迹

盖搬运运动轨迹如图 2-4-23 所示。

(3) 标签搬运运动轨迹

标签搬运运动轨迹如图 2-4-24 所示。

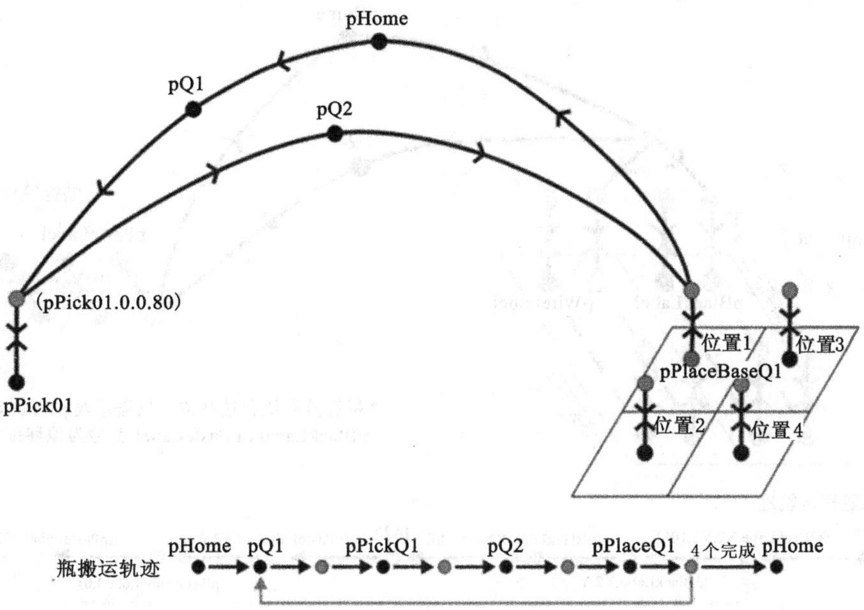

＊只需示教 pHome、pQ1、pQ2，pPickQ1、pPlaceQ1，其他点为位置偏移所得。

图 2-4-22　瓶搬运运动轨迹

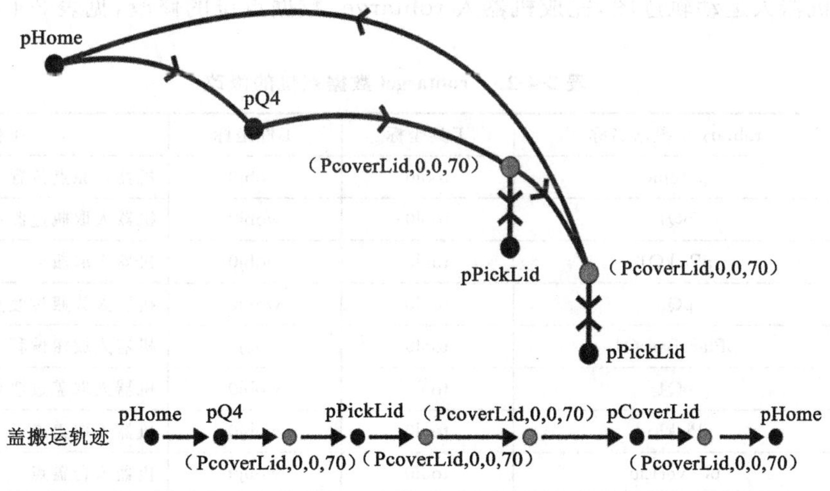

图 2-4-23　盖搬运运动轨迹

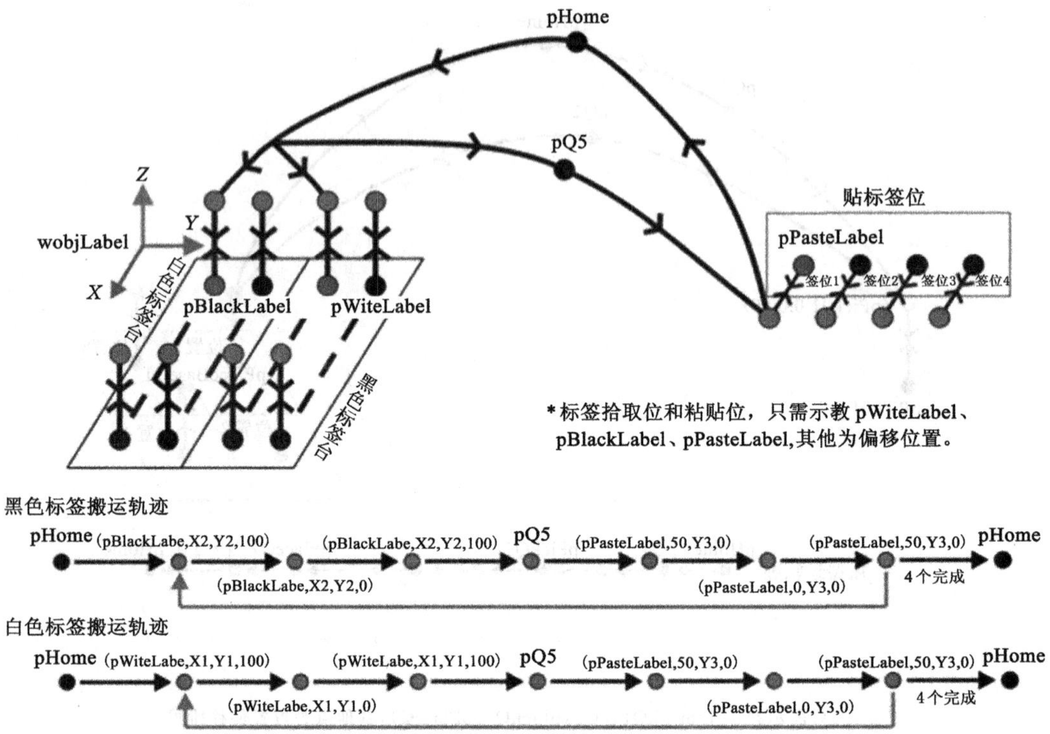

图 2-4-24　标签搬运运动轨迹

参照机器人运动轨迹图,完成机器人 robtarget 数据点位的修改,见表 2-4-23。

表 2-4-23　robtarget 数据点位的修改

序号	robtarget 数据名称	工具坐标	工件坐标	注释
1	pHome	tool0	wobj0	机器人原点位置
2	pQ1	tool0	wobj0	机器人取瓶过渡点
3	pPickQ1	tool0	wobj0	机器人取瓶点
4	pQ2	tool0	wobj0	机器人放瓶过渡点
5	pPlaceBaseQ1	tool0	wobj0	机器人放瓶偏移基础点
6	pQ4	tool0	wobj0	机器人取盖过渡点
7	pPickLid	tool0	wobj0	机器人取盖点
8	pCoverLid	tool0	wobj0	机器人合盖点
9	pBlackLabel	tool0	wobjLabel	机器人取蓝标签偏移基础点
10	pWiteLabel	tool0	wobjLabel	机器人取白标签偏移基础点
11	pQ5	tool0	wobj0	机器人贴标过渡点
12	pPasteLabel	tool0	wobj0	机器人贴标偏移基础点

任务评价

对任务实施的完成情况进行检查评价，并将结果填入表 2-4-24。

表 2-4-24 任务测评表

序号	主要内容	考核要求	评分标准	配分	扣分	得分
1	编程软件使用	会使用编程软件 RobotStudio	1. 不会新建工程，扣 2 分； 2. 不会输入程序，扣 3 分； 3. 不会编程仿真，扣 2 分； 4. 不会下载程序，扣 3 分	10		
2	程序编写	会编写 RAPID 程序	1. 瓶定位不成功，扣 10 分； 2. 程序初始化不成功，扣 10 分； 3. 瓶搬运不正常，扣 10 分； 4. 瓶子不能正确安放，扣 10 分； 5. 盖搬运不能实现，扣 10 分； 6. 无法回到原点，扣 10 分； 7. 标签粘贴不到位，扣 10 分； 8. 手爪与吸盘不能正常交换，扣 10 分	80		
3	安全文明生产	劳动保护用品穿戴整齐；遵守操作规程；讲文明礼貌；操作结束要清理现场	1. 操作中，违反安全文明生产考核要求的任何一项扣 5 分，扣完为止； 2. 当发现学生有重大事故隐患时，要立即予以制止，并每次扣安全文明生产总分 5 分	10		
合计				100		
开始时间：			结束时间：			

任务三 6 轴机器人单元 PLC 编程与调试

任务目标

(1) 掌握 PLC 的脉冲指令及用法。

(2) 掌握 PLC 与机器人信号之间的交换。

(3) 具备机器人单元 PLC 程序编写和调试的能力。

任务描述

上面的任务中，我们已将设备的机械部分进行组装，并将电路和气路部分进行了组装，现在需要在了解相关理论知识的基础上，根据设备运行的要求编写 PLC 程序，与机器人进行通信且进行调试，使其整套动作能够正常运行。

任务要求

编写 PLC 程序并调试。

任务实施

一、绘制 I/O 分配表

I/O 分配表是绘制 PLC 接线图和编写 PLC 程序的依据，若 PLC 已经完成接线，则 I/O 分配表应该与 PLC 接线图保持一致。机器人单元的 I/O 分配见表 2-4-25。

表 2-4-25　I/O 分配表

序号	PLC 输入或输出端子	输入或输出设备	功能描述	备注
1	X0	升降台 A 原点原感器	升降台 A 运动到原点，X0 断开	
2	X1	升降台 A 上限位(常闭)	升降台 A 碰撞上限，X1 断开	
3	X2	升降台 A 下限位(常闭)	升降台 A 碰撞下限，X2 断开	
4	X3	升降台 B 原点原感器	升降台 B 运动到原点，X3 断开	
5	X4	升降台 B 上限位(常闭)	升降台 B 碰撞上限，X4 断开	
6	X5	升降台 B 下限位(常闭)	升降台 B 碰撞下限，X5 断开	
7	X6	推料气缸 A 前限位	推料气缸 A 伸出，X6 闭合	
8	X7	推料气缸 A 后限位	推料气缸 A 缩回，X7 闭合	
9	FZA	升降台 A 上限位(常开)	按下启动按钮，X10 闭合	
10	ZZA	升降台 A 下限位(常开)	按下停止按钮，X11 闭合	
11	FZB	升降台 B 上限位(常开)	按下复位按钮，X12 闭合	
12	ZZB	升降台 B 下限位(常开)	按下联机按钮，X13 闭合	
13	X14	推料气缸 B 前限位	推料气缸 B 伸出，X14 闭合	
14	X15	推料气缸 B 后限位	推料气缸 B 缩回，X15 闭合	
15	X16	前单元就绪信号输入(选配)	面板输入信号 ExI1(前单元就绪信号输入，X16 闭合)	
16	X17	后单元就绪信号输入(选配)	面板输入信号 ExI2(后单元就绪信号输入，X17 闭合)	
17	X20	机器人处于自动模式	机器人处于自动模式，X20 闭合	
18	X21	预留		
19	X22	机器人急停中	机器人急停中，X22 闭合	
20	X23	机器人报警	机器人报警，X23 闭合	
21	X24	机器人电机上电	机器人电机上电，X24 闭合	
22	X25	机器人程序正在运行中	机器人程序正在运行中，X25 闭合	
23	X26	回到原点位置	回到原点位置，X26 闭合	
24	X27	瓶搬运完成	搬运瓶子完成一次，X27 闭合	
25	X30	盖搬运完成	搬运盖完成，X30 闭合	
26	X31	签搬运完成	搬运签完成一次，X31 闭合	

表 2-4-25(续)

序号	PLC 输入或输出端子	输入或输出设备	功能描述	备注
27	X32	运行中	运行中,X32 闭合	
28	X34	真空开关 A	吸盘 A 有效,X34 闭合	
29	X35	真空开关 B	吸盘 B 有效,X35 闭合	
30	X36	物料台传感器	物料台有物料,X36 闭合	
31	X37	加盖定位气缸后限	加盖定位气缸缩回,X37 闭合	
32	Y0	升降台 A 脉冲信号	Y0 闭合,给升降台 A 发脉冲	
33	Y1	升降台 B 脉冲信号	Y1 闭合,给升降台 B 发脉冲	
34	Y2	升降台 A 方向信号	Y2 闭合,改变升降台 A 方向	
35	Y3	升降台 B 方向信号	Y3 闭合,改变升降台 B 方向	
36	Y4	升降台气缸 A 控制	Y4 闭合,升降台气缸 A 伸出	
37	Y5	升降台气缸 B 控制	Y5 闭合,升降台气缸 B 伸出	
38	Y6	加盖定位气缸电磁阀	Y6 闭合,加盖定位气缸伸出	
39	Y10	启动指示灯	Y10 闭合,启动指示灯亮	
40	Y11	停止指示灯	Y11 闭合,停止指示灯亮	
41	Y12	复位指示灯	Y12 闭合,复位指示灯亮	
42	Y16	本单元就绪输出 1(选配)	面板输出信号 ExO1(Y16 闭合,本单元就绪输出 1)	
43	Y17	本单元就绪输出 2(选配)	面板输出信号 ExO2(Y17 闭合,本单元就绪输出 2)	
44	Y20	机器人程序停止运行	Y20 闭合,机器人程序停止运行	
45	Y21	预留		
46	Y22	机器人电机上电	Y22 闭合,机器人电机上电	
47	Y23	从机器人主程序启动	Y23 闭合,从机器人主程序启动	
48	Y24	机器人报警复位	Y24 闭合,机器人报警复位	
49	Y25	机器人电机下电	Y25 闭合,机器人电机下电	
50	Y26	预留		
51	Y27	预留		
52	Y30	机器人开始搬运	Y30 闭合,机器人开始搬运	
53	Y31	瓶位置	Y31 闭合,机器人搬运瓶子	
54	Y32	盖位置	Y32 闭合,机器人搬运盖	
55	Y33	签位置	Y33 闭合,机器人搬运标签	
56	Y34	标签颜色区别	Y34 闭合,标签选取白色	

二、编写 PLC 程序

根据机器人单元系统控制要求并参阅图 2-4-25 和图 2-4-26,自己编写并调试检测子程序的启动、结果、显示、保存部分程序。

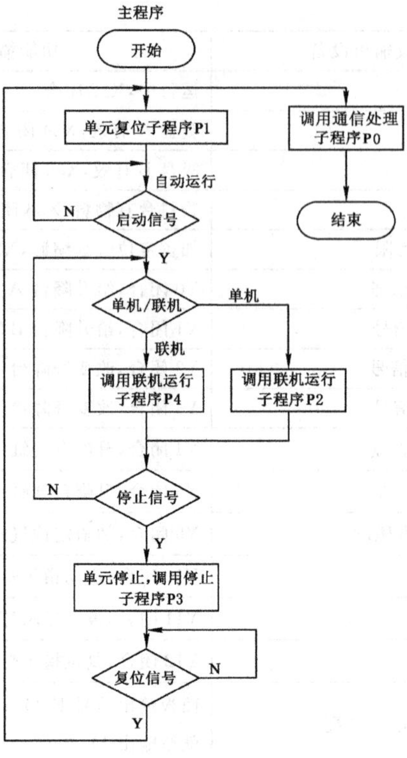

(a) 主程序

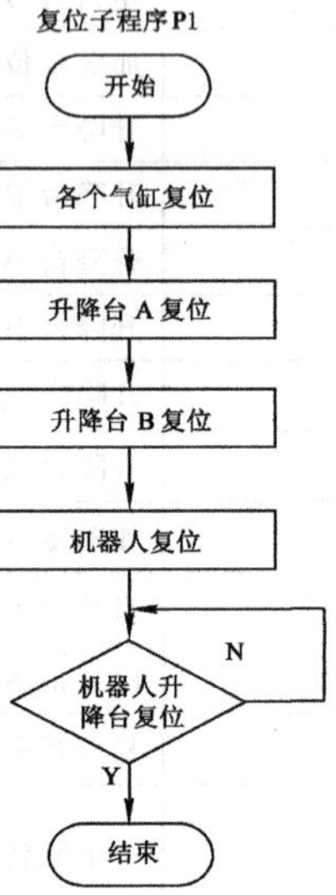

(b) 复位子程序

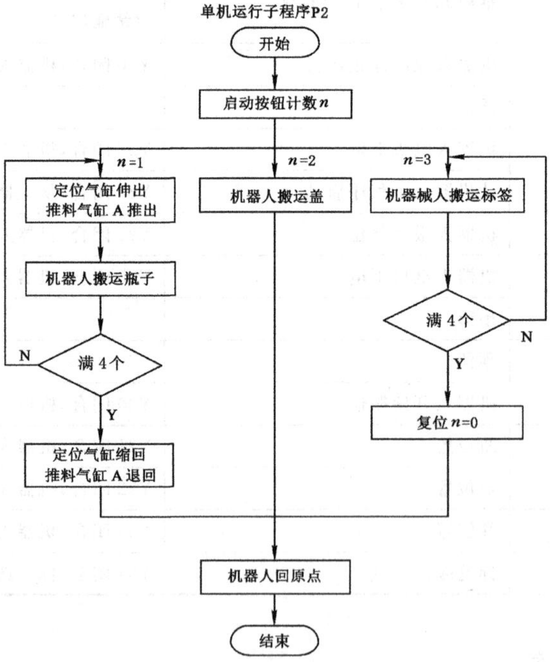

(c) 单机运行子程序

图 2-4-25　程序流程图

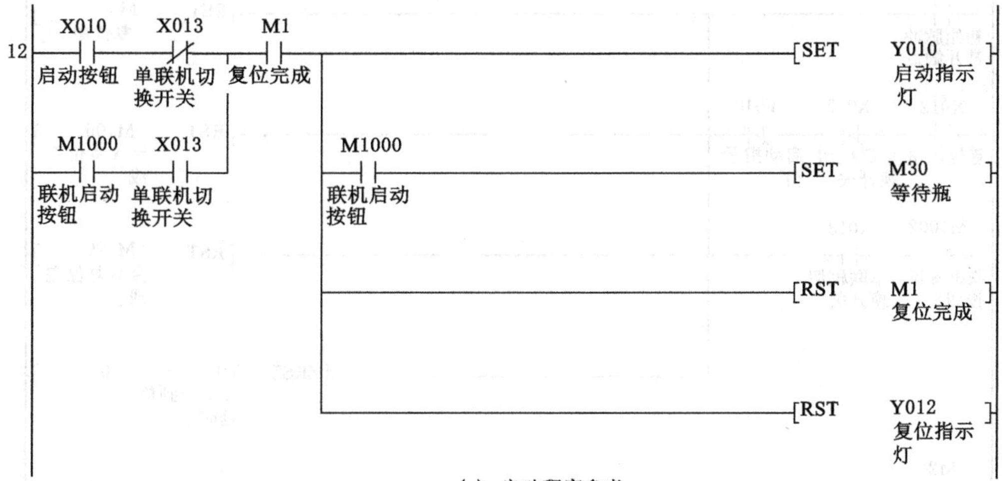

(a) 启动程序参考

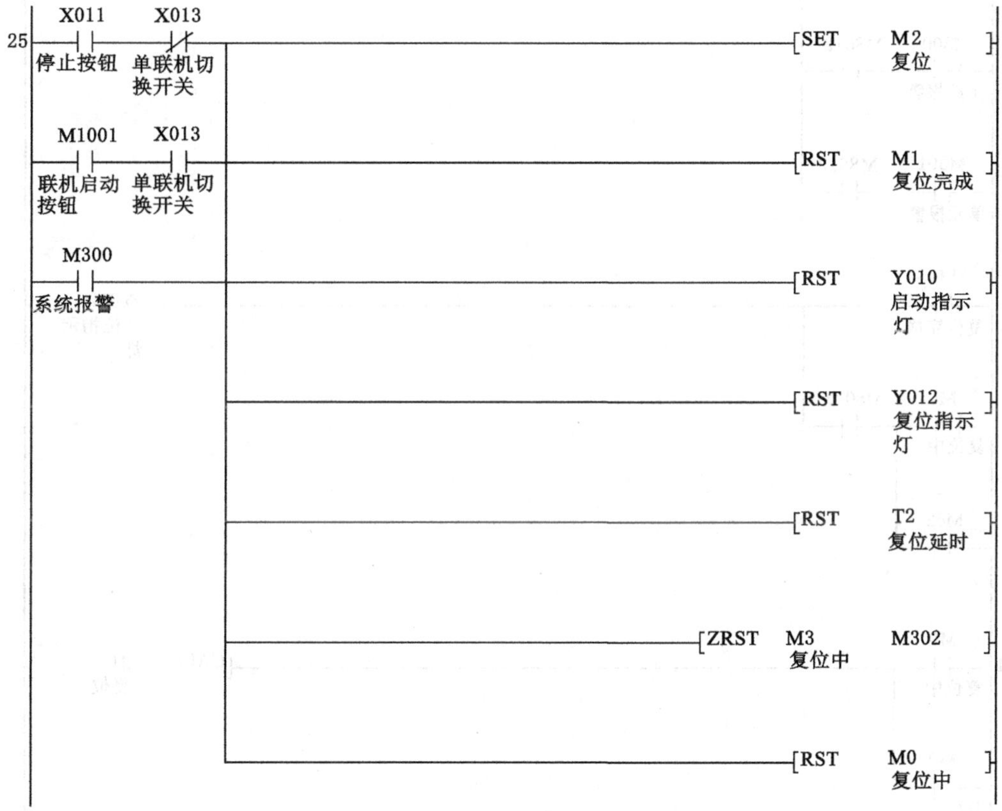

(b) 停止程序参考

图 2-4-26 主程序的启动、停止、复位部分程序图

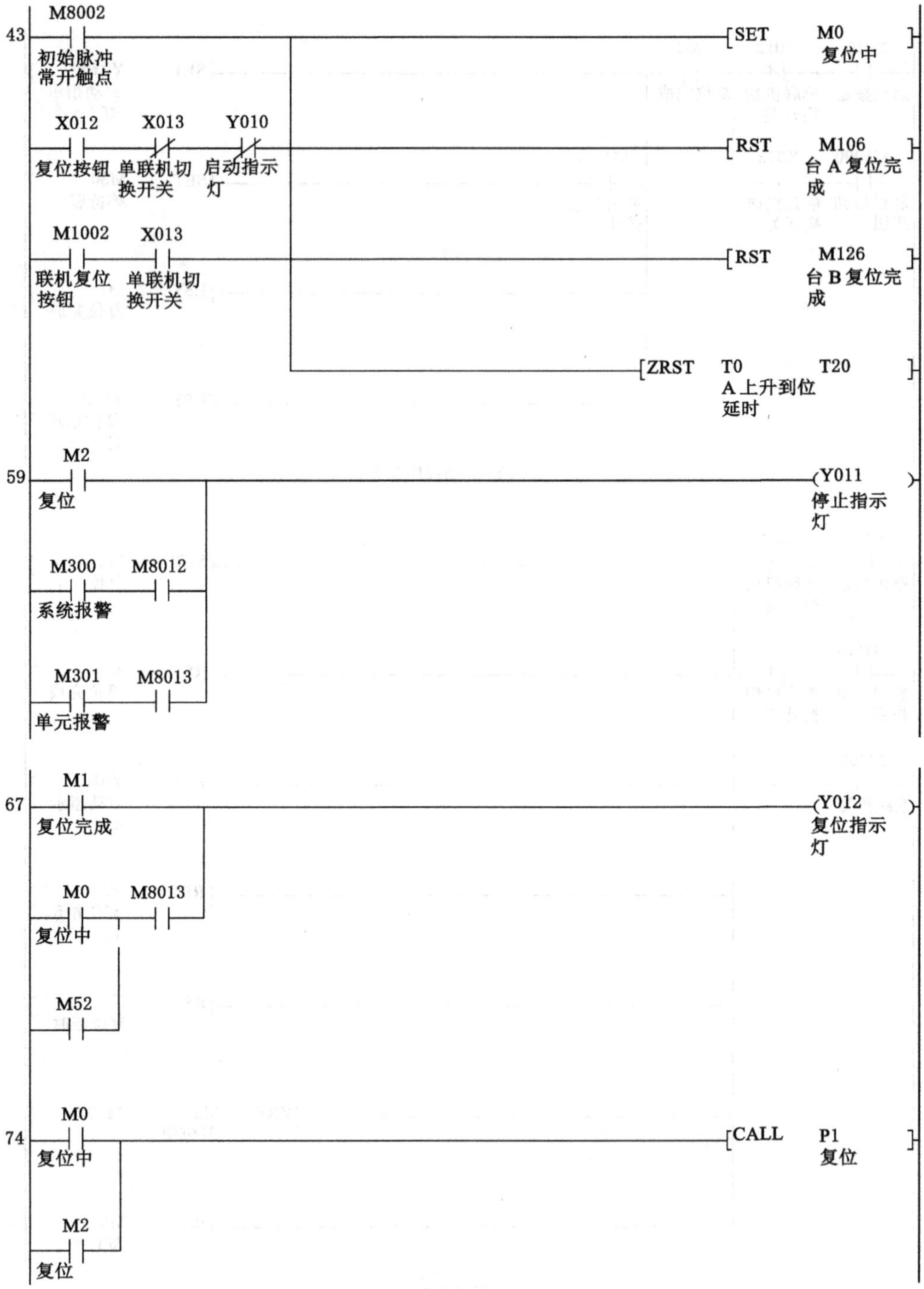

(c) 复位程序参考

图 2-4-26(续)

任务评价

对任务实施的完成情况进行检查评价，并将结果填入表 2-4-26。

表 2-4-26　任务测评表

序号	主要内容	考核要求	评分标准	配分	扣分	得分
1	编程软件使用	会使用编程软件	1. 不会选择 PLC 型号，扣 2 分； 2. 不会新建工程，扣 2 分； 3. 不会输入程序，扣 3 分； 4. 不会下载程序，扣 3 分	10		
2	程序编写	会编写 PLC 程序	1. 升降台 A 复位不成功，扣 10 分； 2. 升降台 B 复位不成功，扣 10 分； 3. 推料气缸 A 不能正常使用，扣 10 分； 4. 推料气缸 B 不能正常使用，扣 10 分； 5. 定位气缸不能正常使用，扣 10 分； 6. 机器人无法接收到 PLC 信号，扣 10 分； 7. PLC 无法接收到机器人信号，扣 10 分； 8. 按钮开关不能正常使用，每个扣 1 分； 9. 不能正确使用脉冲指令，扣 10 分	80		
3	安全文明生产	劳动保护用品穿戴整齐；遵守操作规程；讲文明礼貌；操作结束要清理现场	1. 操作中，违反安全文明生产考核要求的任何一项扣 5 分，扣完为止； 2. 当发现学生有重大事故隐患时，要立即予以制止，并每次扣安全文明生产总分 5 分	10		
合计				100		
开始时间：			结束时间：			

项目五　成品入仓单元的安装与调试实训

SX-815Q 型机电一体化综合实训考核装置的第五个单元是成品入库单元，通过学习项目五，学生学会对成品入仓单元的机械部件进行组装，对电路和气路进行连接且编写程序进行调试，从而实现成品入仓单元的工作流程。

成品入仓单元的主要任务是完成物料盒的入库。具体工作流程是：设备得到启动信号后，系统进入运行状态，“启动”指示灯亮，垛料机旋转到物料台取料位，气缸伸出，吸盘吸取成品物料，气缸缩回，成品物料被拖入垛料机托盘内，料机依次旋转 1～6 号仓位并成功将物料放入相应仓位。

成品入仓单元整体如图 2-5-1 所示。

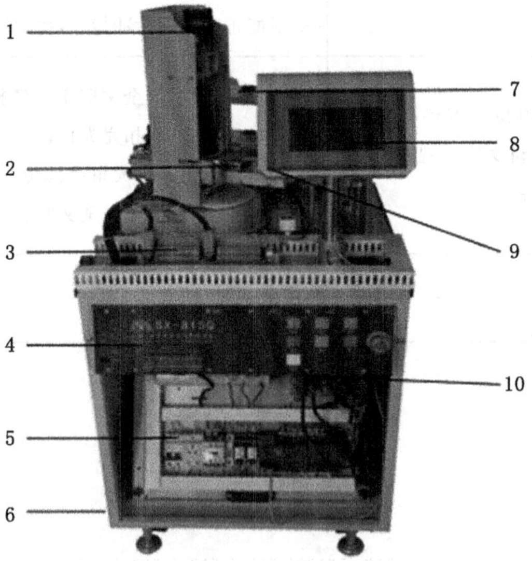

1—伺服电机；2—拾取气缸；3—组件 37 针端子板；4—按钮控制面板；5—控制挂板；6—模型桌体；7—仓库；8—MCGS 触摸屏；9—垛机托盘；10—伺服驱动器。

图 2-5-1　成品入仓单元整体图

任务一 成品入仓单元电路与气路的连接与操作

任务目标

(1) 了解伺服驱动系统的组成与工作原理。

(2) 能安装伺服驱动系统的电路,正确设置伺服驱动器参数。

(3) 能熟练安装成品入仓单元的电路、气路。

(4) 具备成品入仓单元电路和气路调试的能力。

任务描述

我们已将成品入仓单元的机械部分进行组装,现需要在了解相关理论知识的基础上,根据电路原理图和气路原理图对设备的电路和气路按照工艺要求进行连接和组装,进而为后续设备编程、调试提供条件。

任务要求

(1) 伺服驱动系统的电路连接。

(2) 气动回路的连接与调试。

(3) PLC 与各执行部件之间的电路连接。

任务实施

一、准备电路原理图

成品入仓单元的电路原理图如图 2-5-2 所示。

二、安装实施

1. 控制挂板的安装与接线

(1) 控制挂板的元件布局与安装

成品入仓单元控制挂板的布局如图 2-5-3 所示,电气元件的安装方法及工艺要求参照机电一体化实训操作工艺技术规范。

(2) 控制挂板的接线

控制挂板的接线分为挂板内部接线以及挂板与台面电气元件间的外部接线。

① 控制挂板内部接线

下面以伺服驱动器的接线为例介绍挂板内部接线的方法,挂板内部其他部分的接线参照本模块前四个项目任务中的介绍。伺服驱动器与伺服电机接线如图 2-5-4 所示。伺服驱动器的接线步骤见表 2-5-1。

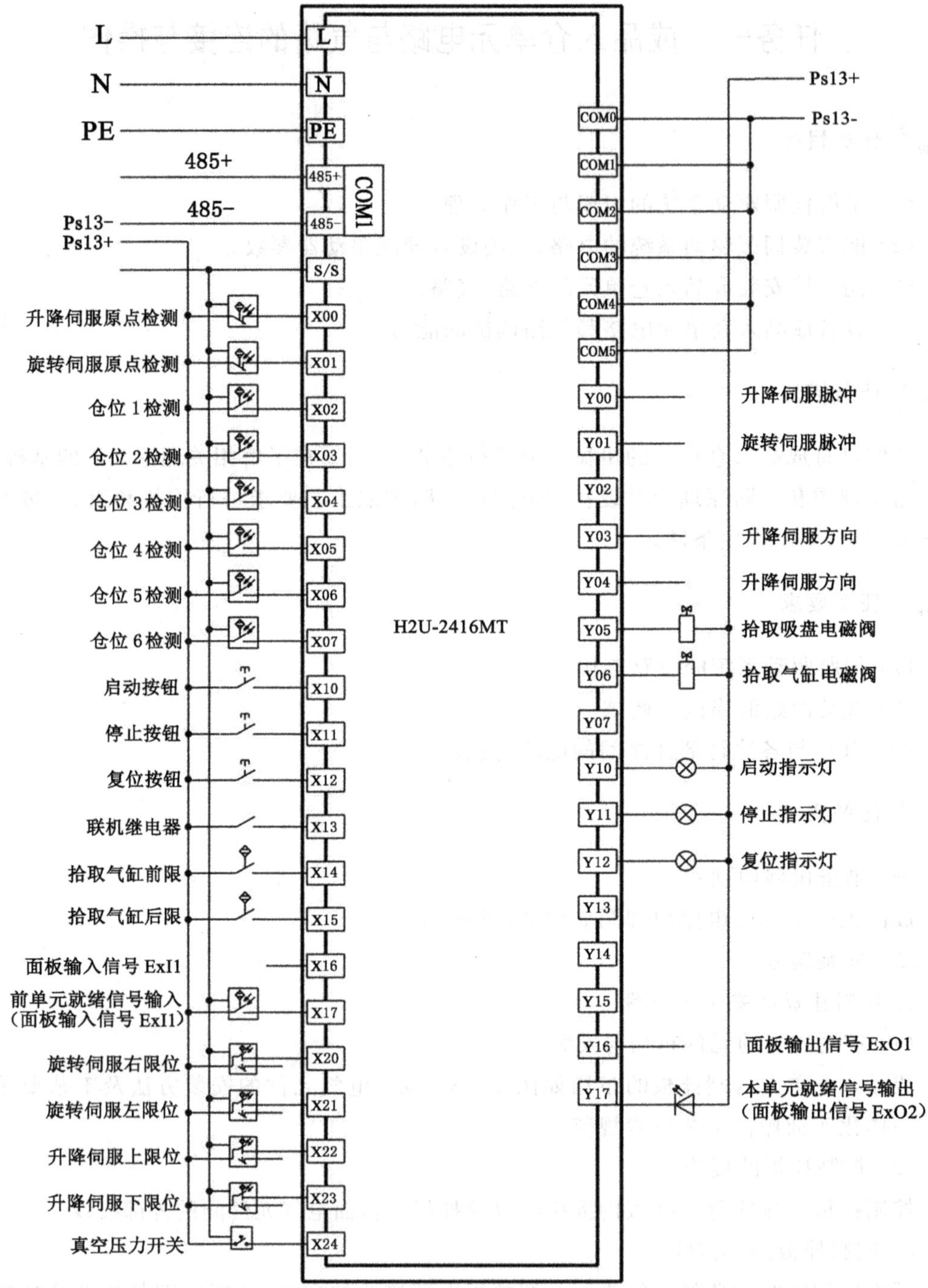

图 2-5-2 成品入仓单元电路原理图(PLC 输入、输出信号)

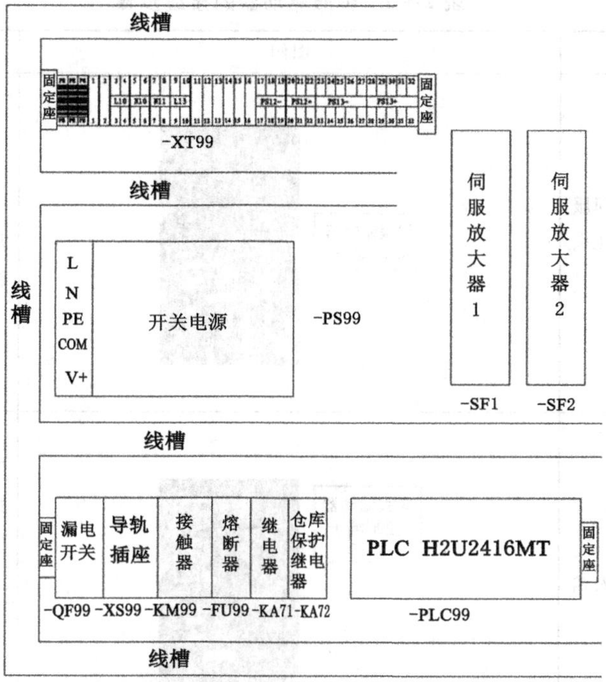

图 2-5-3 成品入仓单元控制挂板的布局图

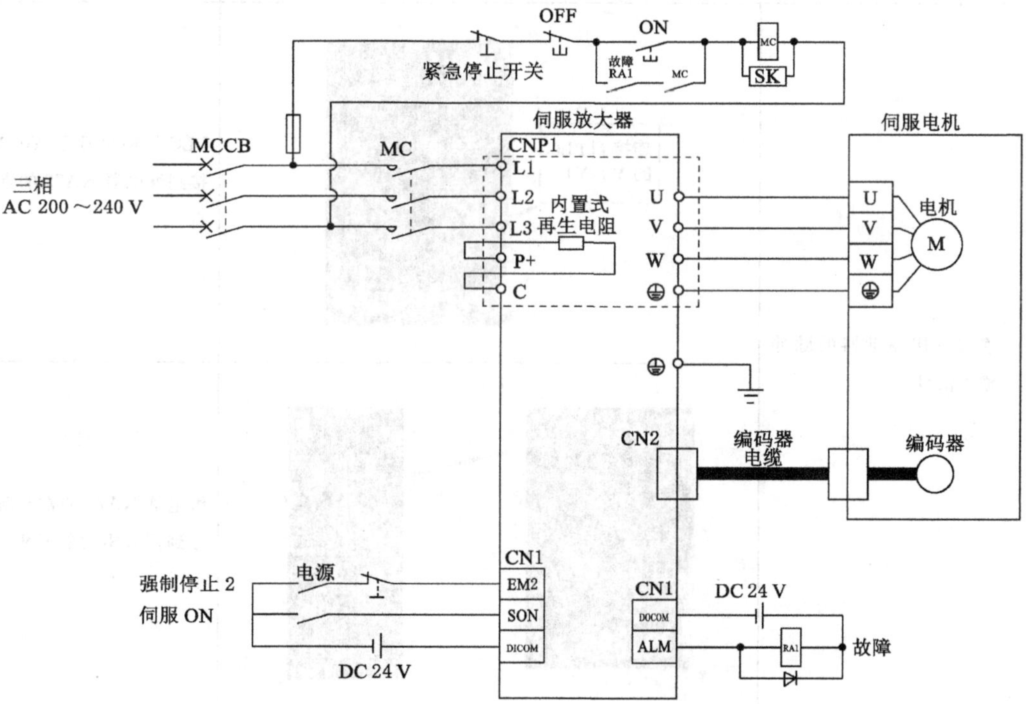

图 2-5-4 伺服驱动器与伺服电机接线原理图

表 2-5-1　伺服驱动器的接线步骤

步骤	图例	说明
1. 220 V 交流电源接到伺服驱动器 SF1、SF2 的 L1、L3 端子上		220 V 交流电源(L13、N11)从交流接触器 KM99 的主触点引出
2. 连接伺服驱动器输入信号的控制端子		24 V 直流电源的正极 PS13+连接到伺服驱动器 CN1 的 DICOM、OPC 端子
		24 V 直流电源的负极 PS13−连接到伺服驱动器 CN1 的 EM2、DOCOM 端子
3. 连接伺服驱动器的脉冲输入信号	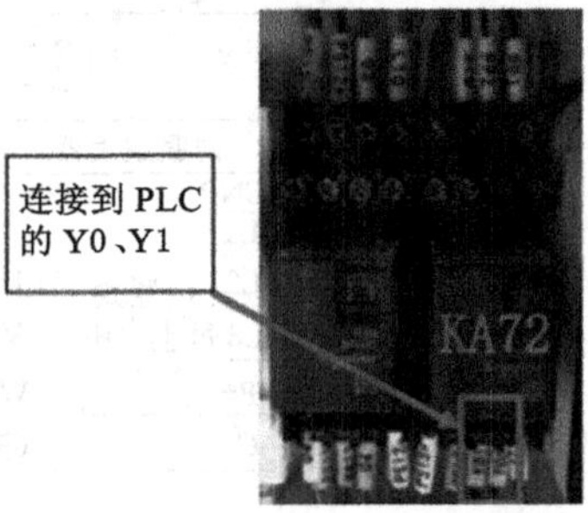	PLC 的输出端子 Y0、Y1 连接到继电器 KA72 的常开触点
		继电器 KA72 的常开触点连接到伺服驱动器 CN1 的 PP 端子

表 2-5-1(续)

步骤	图例	说明
4. 连接伺服驱动器的方向控制信号	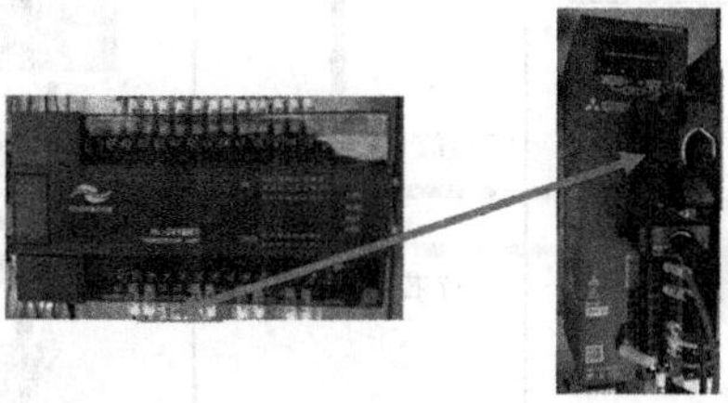	PLC 的输出端子 Y3、Y4 连接到伺服驱动器 CN1 的 NP 端子
5. 连接伺服驱动器的正、反转行程限位信号		连接旋转方向左、右限位信号到台面端子板 CN310
		连接升降方向上、下限位信号到台面端子板 CN311
	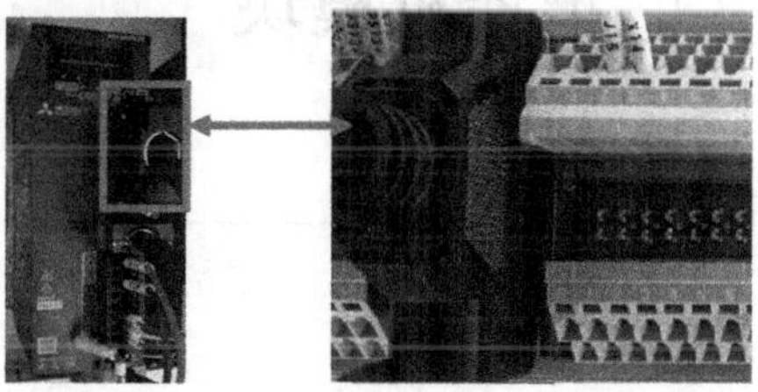	通过线缆 W370、W371 连接升降方向上、下限位信号及旋转方向左、右限位信号到伺服驱动器的 LSP、LSN 端子

② 控制挂板外部接线

挂板的外部接线通过专用的 37 芯电缆(W370/W371)和 25 芯电缆(W250)将 PLC 的输入、输出端子及 24 V 直流电源引接到台面端子板(CN310、CN311)和操作面板(CN73),挂板与台面执行机构连接示意图如图 2-5-5 所示。控制挂板外部电气接线步骤参照本模块项目四任务一。

2. 台面电气元件的安装与接线

(1) 台面电气元件的布局

成品入仓单元台面元件的布局示意图如图 2-5-6 所示。

(2) 台面电气元件的安装与接线

台面电气元件按照其功能安装在相应的执行机构上,主要包含执行机构的位置检测传

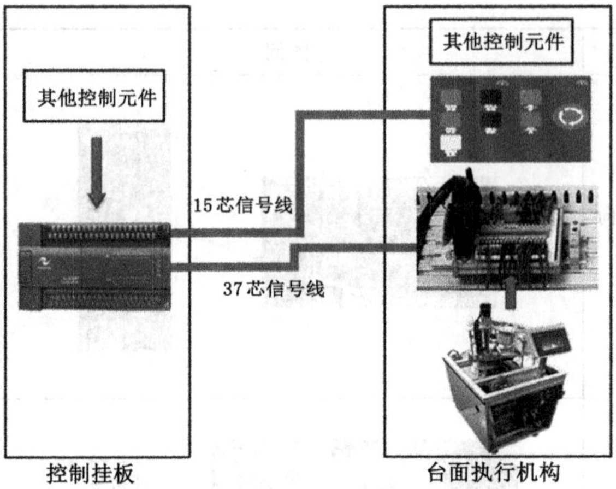

图 2-5-5 挂板与台面执行机构连接示意图

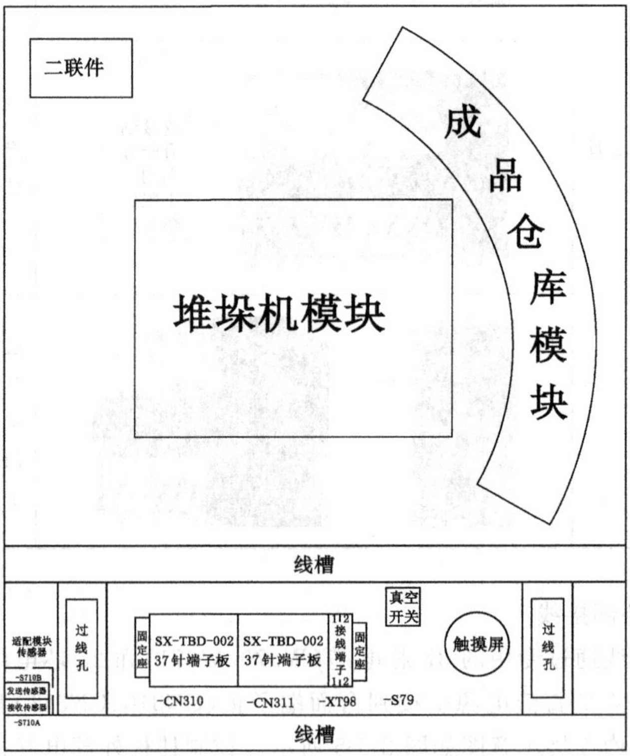

图 2-5-6 成品入仓单元台面元件布局图

感器、气动执行元件的电磁阀线圈等，要求电气元件的安装固定要牢固、安装位置准确。下面以仓库执行模块电气元件的安装为例，介绍台面电气元件的安装步骤与方法。表 2-5-2 为仓库执行模块电气元件的安装步骤。

表 2-5-2 仓库执行模块电气元件的安装步骤

步骤	图例	说明
1. 将仓库执行模块上的电气元件连接到汇总板 CN301 接线端子上		汇总板 CN301 接线端子 XT1 为 24 V 电源负极，XT2 为 24 V 电源正极，XT3 连接到 PLC 的输入、输出端，按照电气原理图正确连接，接线及绑扎应符合工艺要求
2. 用 15 芯线缆 W151 连接汇总板 CN301 到台面端子板 CN310 端子	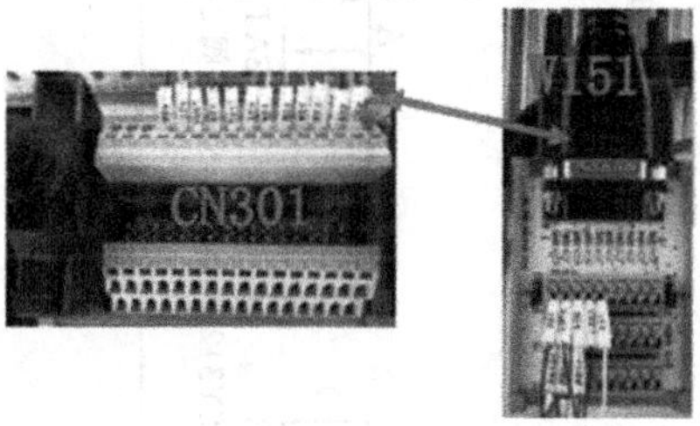	台面端子板 CN310 接线端子中 XT1/XT4 为 24 V 电源正极，XT5 为 24 V 电源负极，XT1 连接到 PLC 的输出端子，XT2 连接到 PLC 的输入端，按照电气原理图正确连接，接线及绑扎应符合工艺要求
3. 用 37 芯线缆 W370 连接台面端子板 CN310 到 PLC 的输入、输出端		线缆 W371 一端为公头 CN340，一端为开放导线，按照电气原理图正确连接，接线及绑扎应符合工艺要求，多余的导线要做绑扎处理

3. 气路安装

(1) 气路原理

气路原理如图 2-5-7 所示。

(2) 安装步骤

成品入仓单元的气路共使用了 2 个单电控二位五通电磁换向阀，分别控制拾取气缸和两个吸盘的动作，气路的具体安装步骤见表 2-5-3。

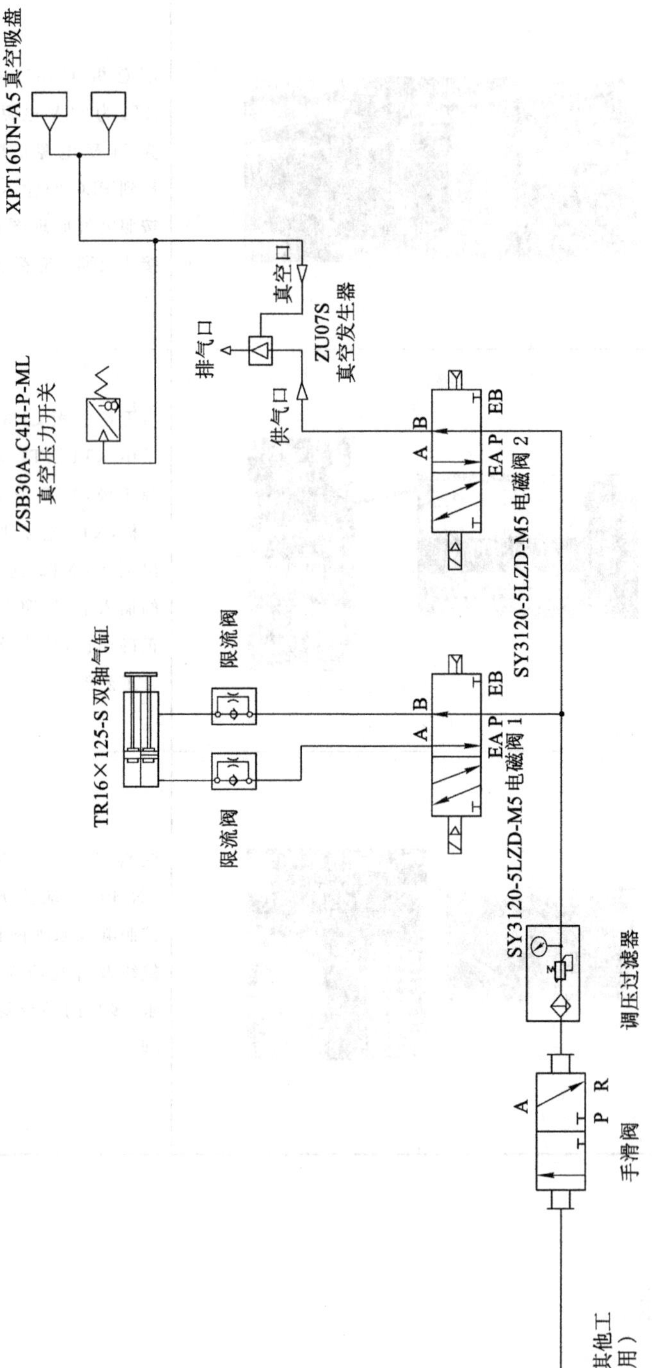

图 2-5-7 成品入仓单元气路图

表 2-5-3　成品入仓单元的气路安装步骤

步骤	图例	说明
1. 连接拾取气缸的气路	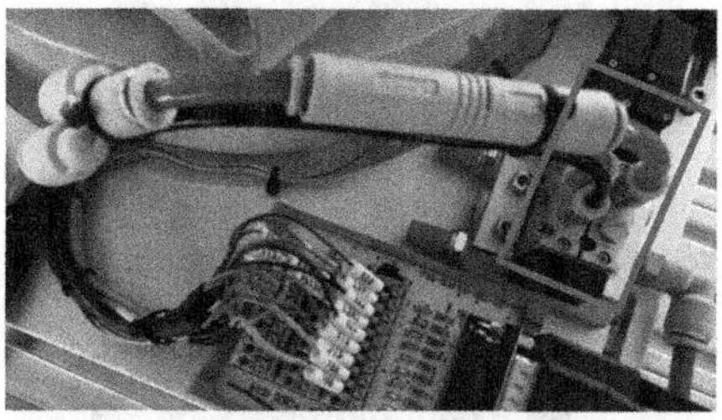	两个电磁阀均安装在汇流板上，使用 $\phi 6$ mm 气管连接气源出口到汇流板的气源入口，气管要按工艺要求进行绑扎固定
	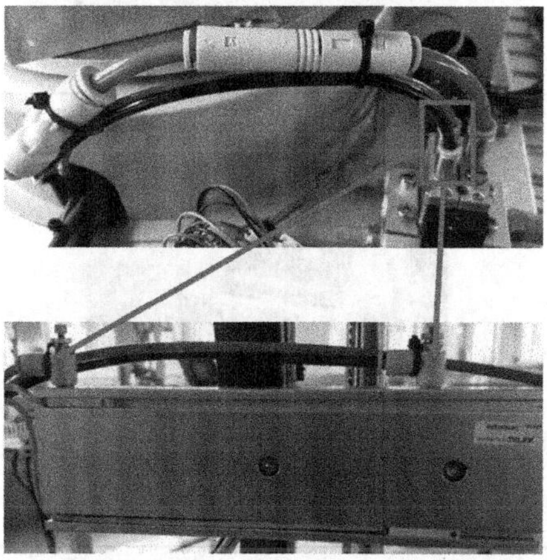	使用 $\phi 4$ mm 气管连接电磁阀 A、B 出口到气缸节流阀，采用蓝、黑两种颜色气管以示区别，气管要按工艺要求进行绑扎固定
2. 连接真空吸盘的气路	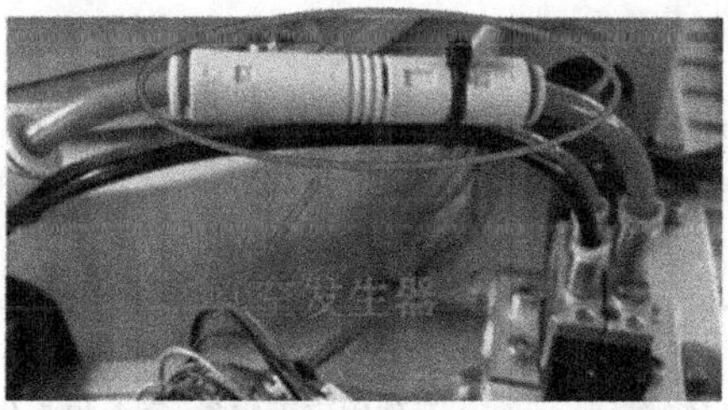	使用 $\phi 6$ mm 气管连接电磁阀 B 出口到真空发生器，电磁阀 A 出口封堵住。气管要按工艺要求进行绑扎固定
		使用 $\phi 6$ mm 气管连接真空发生器出口到三通接头，一路到真空吸盘，一路到真空压力开关

表 2-5-3(续)

步骤	图例	说明
2. 连接真空吸盘的气路	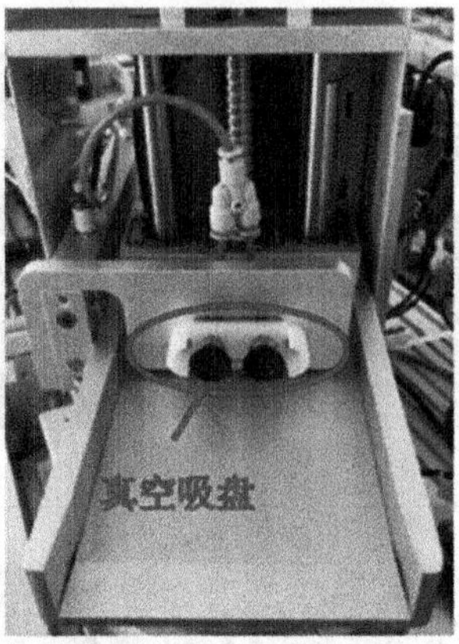	真空吸盘那一端气管先连接到三通接头，再连接到真空吸盘
		真空压力开关那一端气管直接连接到真空压力开关

任务评价

对任务实施的完成情况进行检查，并将结果填入表 2-5-4。

表 2-5-4　任务测评表

序号	主要内容	考核要求	评分标准	配分	扣分	得分
1	元件固定	元件固定牢靠	元件固定不牢靠，每个扣 5 分，扣完为止	10		
2	导线安装	接线端子安装正确	1. 接线端子安装位置错误，每处扣 2 分，扣完为止； 2. 接线端子安装不紧固，每处扣 1 分，扣完为止	25		
3	线槽固定	线槽安装牢靠，导线出线槽整齐	1. 线槽安装不结实，每处扣 3 分，扣完为止； 2. 导线出线槽不整齐，每处扣 3 分，扣完为止	10		
4	导线压针形端子	1. 针形端子压接牢固； 2. 导线长短合适； 3. 针形端子大小合适	1. 针形端子压接不紧，每处扣 2 分； 2. 导线漏铜，每处扣 1 分； 3. 针形端子大小不合适，每处扣 1 分	10		

表 2-5-4(续)

序号	主要内容	考核要求	评分标准	配分	扣分	得分
5	导线穿线号	导线两端穿上相同线号	导线不穿线号，每处扣 1 分，扣完为止	10		
6	气管连接	气管连接正确	1. 气管连接错误，每处扣 5 分； 2. 气管连接漏气，每处扣 3 分	15		
7	气管固定	1. 马蹄形固定座安装牢靠； 2. 气管绑扎松紧合适	1. 马蹄形固定座安装不牢靠，每个扣 2 分，扣完为止； 2. 气管绑扎太松或太紧，每个扣 2 分，扣完为止	10		
8	安全文明生产	劳动保护用品穿戴整齐；遵守操作规程；讲文明礼貌；操作结束要清理现场	1. 操作中，违反安全文明生产考核要求的任何一项扣 5 分，扣完为止； 2. 当发现学生有重大事故隐患时，要立即予以制止，并每次扣安全文明生产总分 5 分； 3. 穿戴不整洁，扣 2 分； 4. 设备不还原，扣 5 分； 5. 现场不清理，扣 5 分；	10		
合计				100		
开始时间：			结束时间：			

任务二　成品入仓单元伺服驱动器参数设置与调试

任务目标

掌握伺服驱动器的参数设置。

任务描述

在上个任务中已经明确了主要电路与气路的连接，在此基础上要进行伺服驱动系统的工作参数设置与调试。

任务要求

伺服驱动器的参数设置。

任务实施

一、伺服系统

成品入仓单元中应用了两套伺服系统，分别控制垛料机构的左、右旋转及上、下升降动作，该伺服系统主要由伺服驱动器和伺服电机两部分组成，如图 2-5-8 所示。伺服驱动器型号为 MR-JE-10A，伺服电机型号为 HG-KN13J-S100。成品入仓单元中的伺服系统工作在位置控制模式。

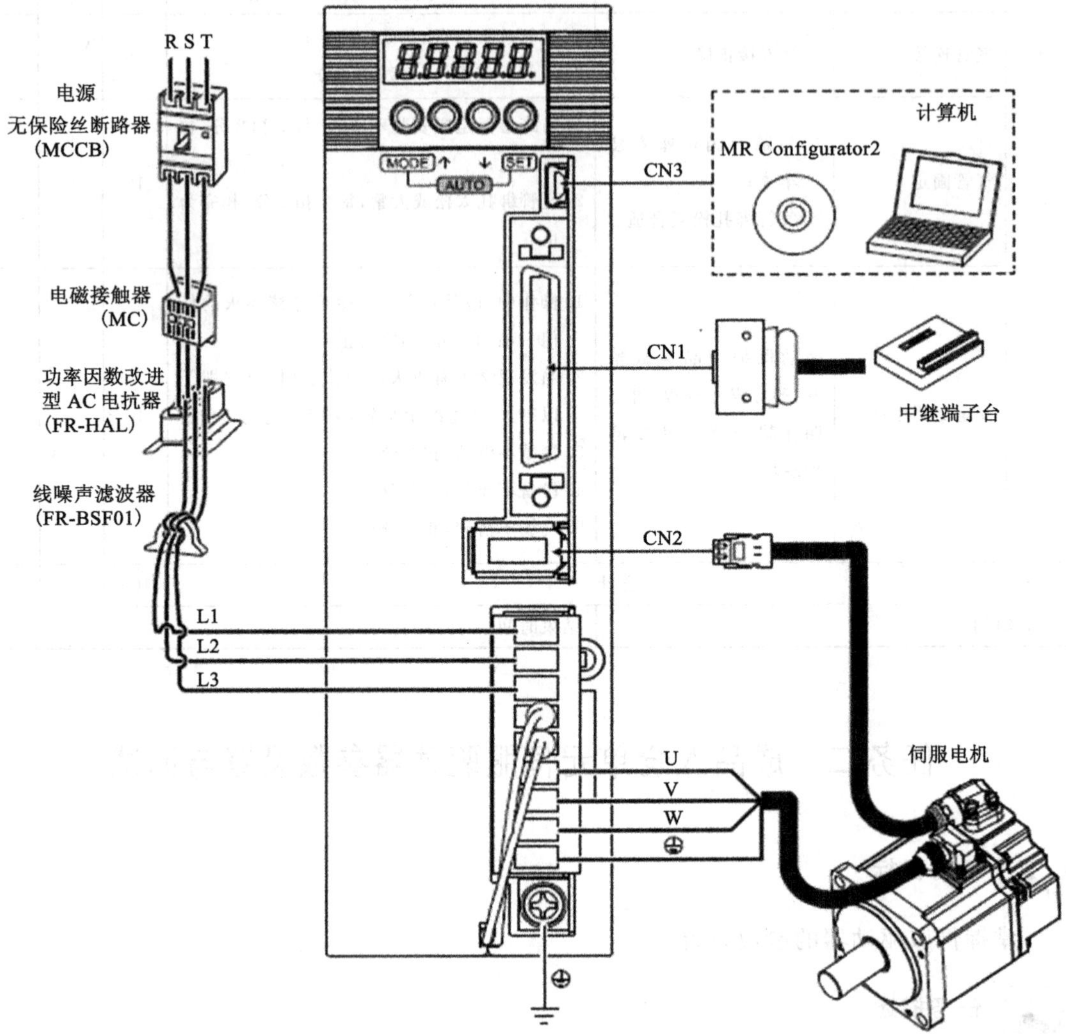

图 2-5-8　伺服系统结构示意图

二、伺服驱动器参数设定

1. 参数设定方法

参数的详细设定方法请参考驱动器使用说明书。下面以 0 号参数为例，简单说明更改速度控制模式的操作方法，如图 2-5-9 所示。接通电源后，使用“MODE”按键即进入基本参数画面。

需要移动到下一参数时，请使用“UP”或“DOWN”按键。更改 0 号参数时，应在更改设置值后先切断电源，然后再接通，这样才会生效。

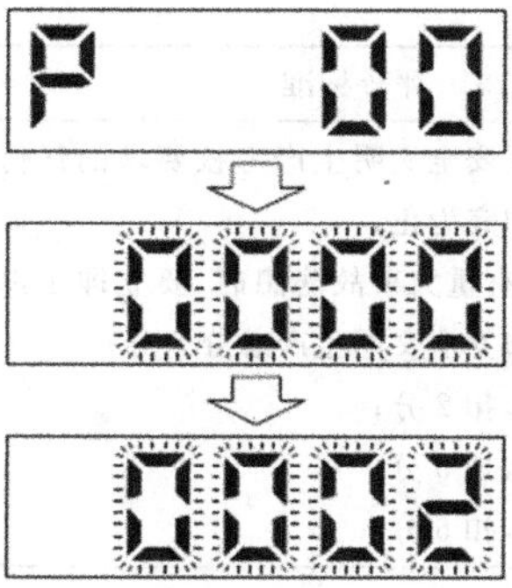

图 2-5-9　伺服驱动器参数设定操作方法示意图

2. 主要参数

需要设定的主要参数见表 2-5-5，详细参数请查阅伺服驱动器使用说明书。

表 2-5-5　需要设定的主要参数

地址	名称	初始值	设定值
P00	控制模式设置	0000	0000
P03	电子齿轮分子	1	100
P04	电子齿轮分母	1	1
P19	参数写入禁止	0000	0000
P21	指令脉冲选择	0000	0011
P22	极限停止方式	0000	0000
P41	输入信号选择	0000	0001
P48	输入端子选择	0403	0403

任务评价

对任务实施的完成情况进行检查，并将结果填入表 2-5-6。

表 2-5-6　任务测评表

序号	主要内容	考核要求	评分标准	配分	扣分	得分
1	参数设置方法	操作正确	操作方法不正确扣 10 分，扣完为止	45		
2	参数选择	主要参数设置正确	1. 选错一个参数扣 5 分，扣完为止； 2. 主要参数漏掉一个扣 5 分，扣完为止； 3. 参数值设置错误扣 5 分，扣完为止	45		

表 2-5-6(续)

序号	主要内容	考核要求	评分标准	配分	扣分	得分
3	安全文明生产	劳动保护用品穿戴整齐；遵守操作规程；讲文明礼貌；操作结束要清理现场	1. 操作中，违反安全文明生产考核要求的任何一项扣 5 分，扣完为止； 2. 当发现学生有重大事故隐患时，要立即予以制止，并每次扣安全文明生产总分 5 分； 3. 穿戴不整洁，扣 2 分； 4. 设备不还原，扣 5 分； 5. 现场不清理，扣 5 分	10		
合计				100		
开始时间：			结束时间：			

任务三　成品入仓单元 PLC 编程与调试

任务目标

(1) 掌握 PLC 的功能指令。

(2) 学会编写成品入仓单元的 PLC 控制程序。

任务描述

在拟定成品入仓单元的控制顺序动作后，编写成品入仓单元的 PLC 控制程序。

任务要求

编写成品入仓单元的 PLC 控制程序。

任务实施

一、控制要求

(1) 单机工作状态下按“启动”按钮，或者联机状态下，主站给出启动信号后，系统进入运行状态，“启动”指示灯亮，垛料机旋转到物料台取料位，气缸伸出，吸盘吸取成品物料，气缸缩回，成品物料被拖入垛料机托盘内，料机依次旋转 1～6 号仓位并成功将物料放入相应仓位。

(2) 在单机工作状态下，按“停止”按钮，或者联机状态下主站给出停止信号，“停止”指示灯亮，系统进入停止状态，垛机停止运行，其他所有机构均停止动作，保持状态不变。

(3) 在单机工作状态下按“复位”按钮，或者联机状态下主站给出复位信号，“复位”指示灯亮，系统进入复位状态，垛料机复位，其他执行机构均恢复到初始位置。

(4) 初始位置要求：垛机处于原点位置；取料气缸缩回；两个吸盘不工作；6 个存储仓位均无物料。

二、控制过程设计

1. 控制原理图

根据任务要求，设计如图 2-5-10 所示的控制原理图。

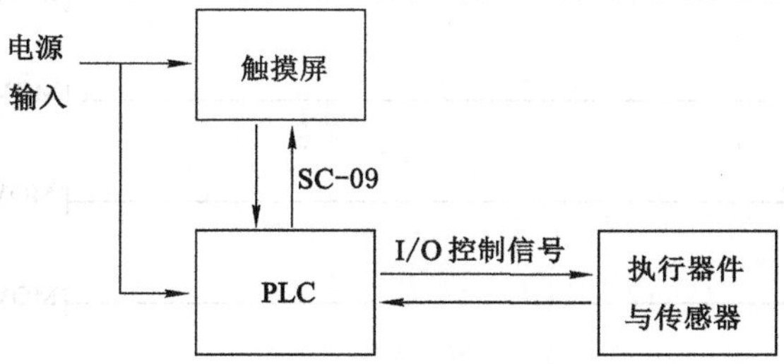

图 2-5-10 控制原理图

2. 电路原理图

电路原理图如图 2-5-2 所示。

三、成品入仓单元 PLC 程序设计与编写

1. PCL 主程序

(1) 编写流程图，如图 2-5-11 所示。

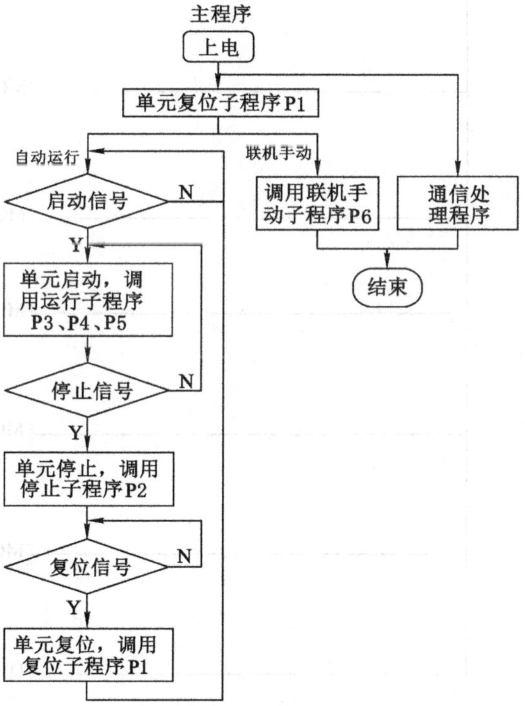

图 2-5-11 主程序流程图

(2) 根据 PLC 主程序流程图编写 PLC 主程序，如图 2-5-12 所示。

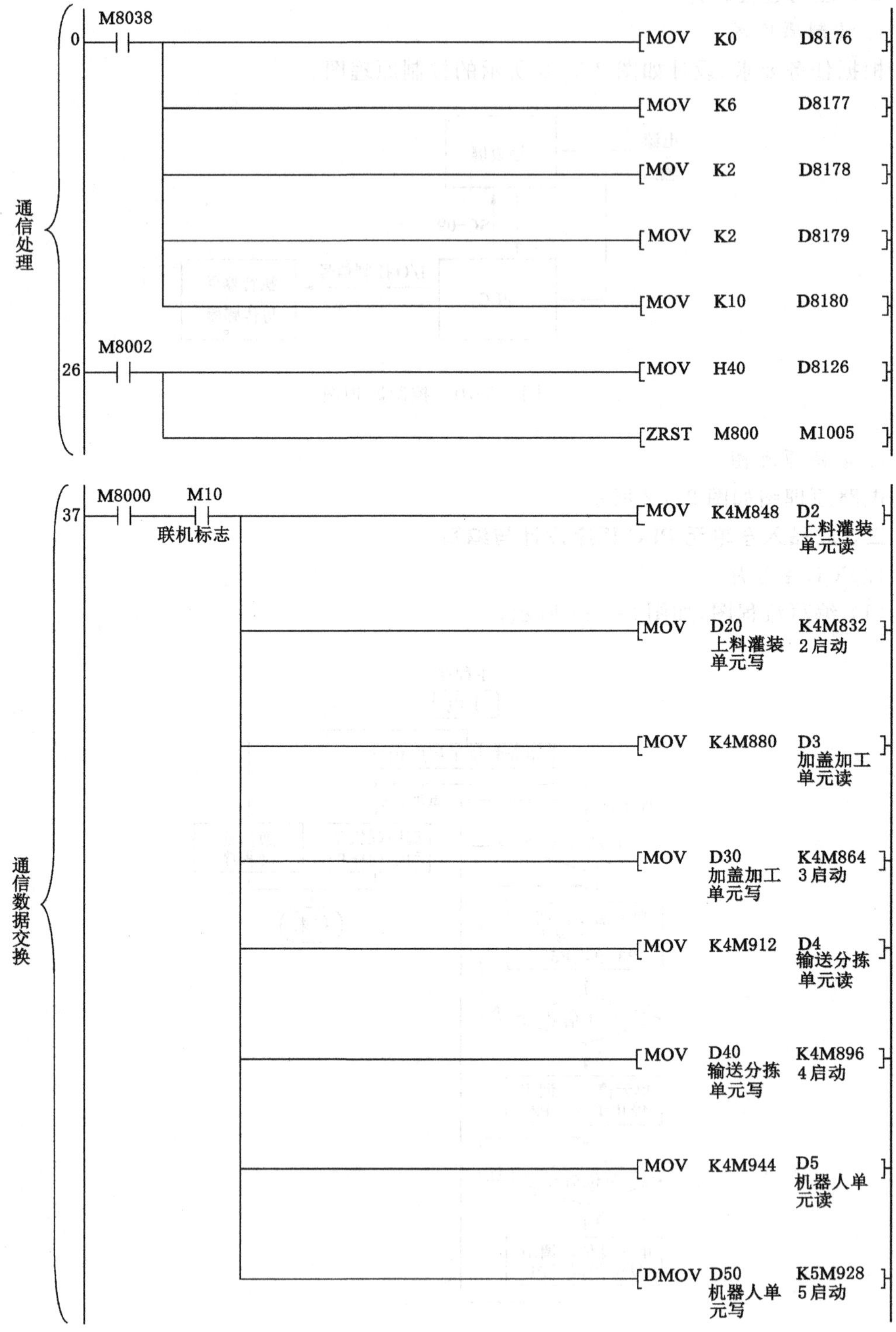

(a)

图 2-5-12　PLC 主程序

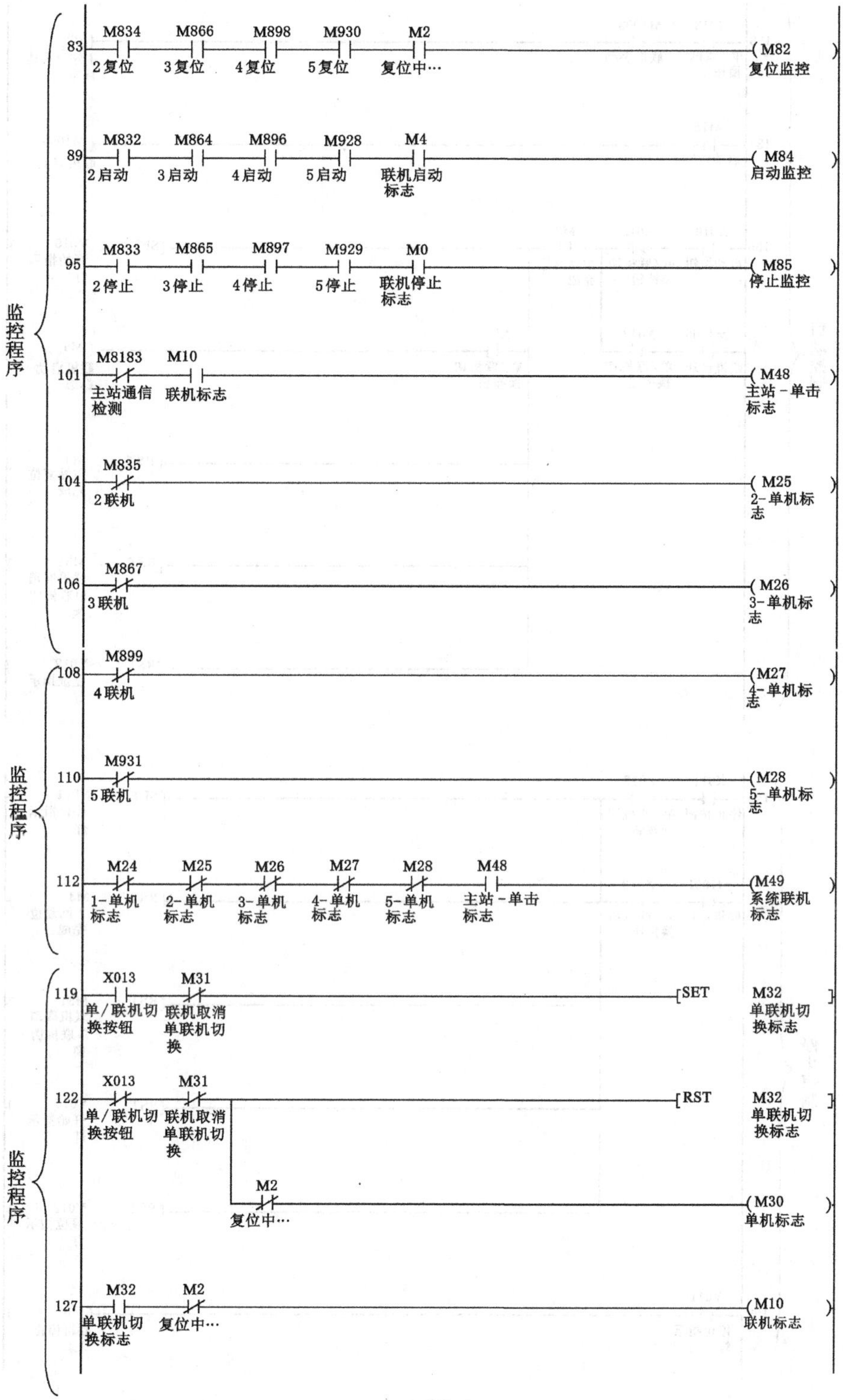

监控程序
83 M834 2复位 M866 3复位 M898 4复位 M930 5复位 M2 复位中… M82 复位监控
89 M832 2启动 M864 3启动 M896 4启动 M928 5启动 M4 联机启动标志 M84 启动监控
95 M833 2停止 M865 3停止 M897 4停止 M929 5停止 M0 联机停止标志 M85 停止监控
101 M8183 主站通信检测 M10 联机标志 M48 主站-单击标志
104 M835 2联机 M25 2-单机标志
106 M867 3联机 M26 3-单机标志
监控程序
108 M899 4联机 M27 4-单机标志
110 M931 5联机 M28 5-单机标志
112 M24 1-单机标志 M25 2-单机标志 M26 3-单机标志 M27 4-单机标志 M28 5-单机标志 M48 主站-单击标志 M49 系统联机标志
监控程序
119 X013 单/联机切换按钮 M31 联机取消单联机切换 SET M32 单联机切换标志
122 X013 单/联机切换按钮 M31 联机取消单联机切换 RST M32 单联机切换标志
M2 复位中… M30 单机标志
127 M32 单联机切换标志 M2 复位中… M10 联机标志

(b)

图 2-5-12(续)

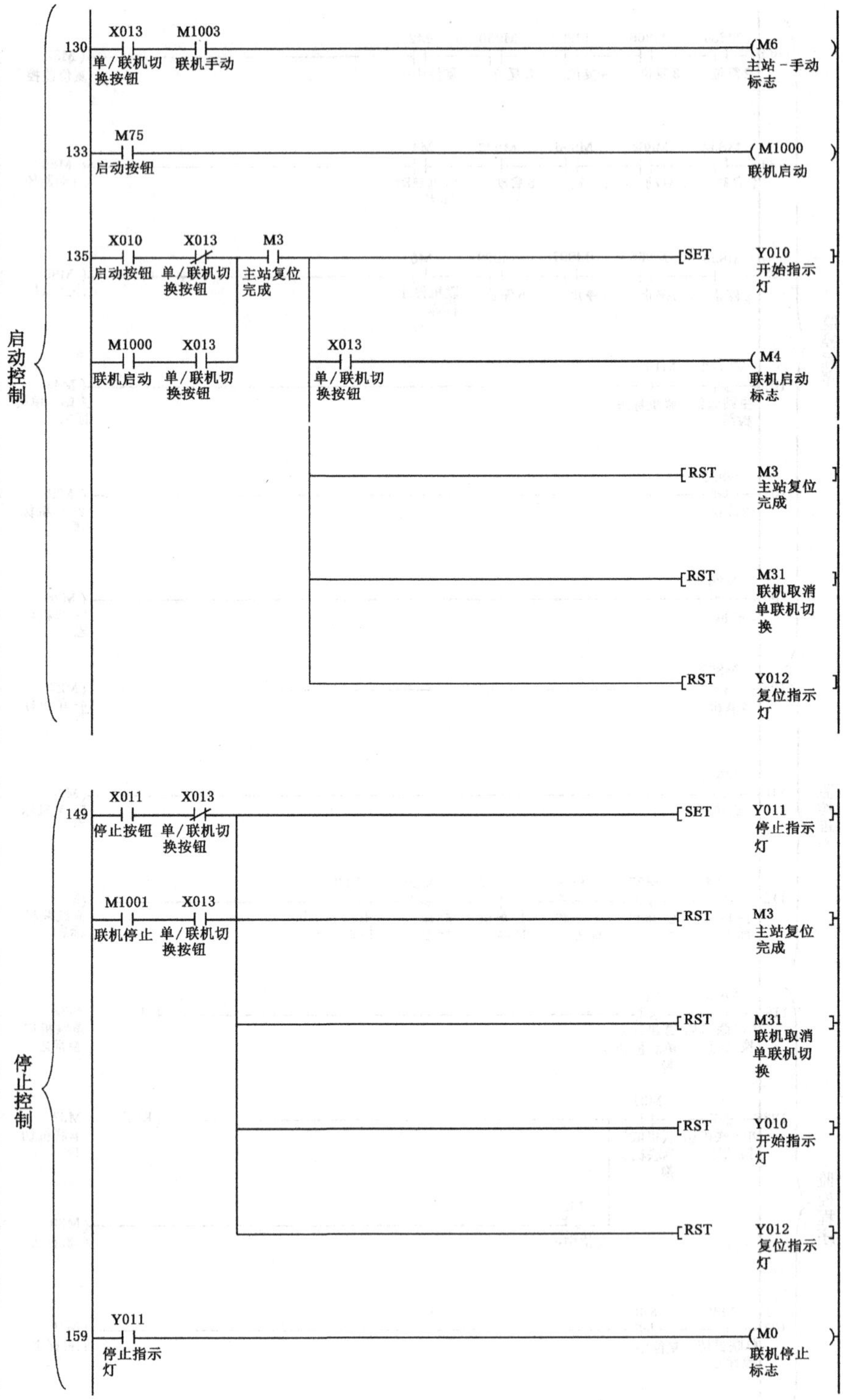
启动控制
130
X013
单/联机切换按钮
M1003
联机手动
M6
主站-手动标志
133
M75
启动按钮
M1000
联机启动
135
X010
启动按钮
X013
单/联机切换按钮
M3
主站复位完成
SET
Y010
开始指示灯
M1000
联机启动
X013
单/联机切换按钮
X013
单/联机切换按钮
M4
联机启动标志
RST
M3
主站复位完成
RST
M31
联机取消单联机切换
RST
Y012
复位指示灯
停止控制
149
X011
停止按钮
X013
单/联机切换按钮
SET
Y011
停止指示灯
M1001
联机停止
X013
单/联机切换按钮
RST
M3
主站复位完成
RST
M31
联机取消单联机切换
RST
Y010
开始指示灯
RST
Y012
复位指示灯
159
Y011
停止指示灯
M0
联机停止标志

(c)

图 2-5-12(续)

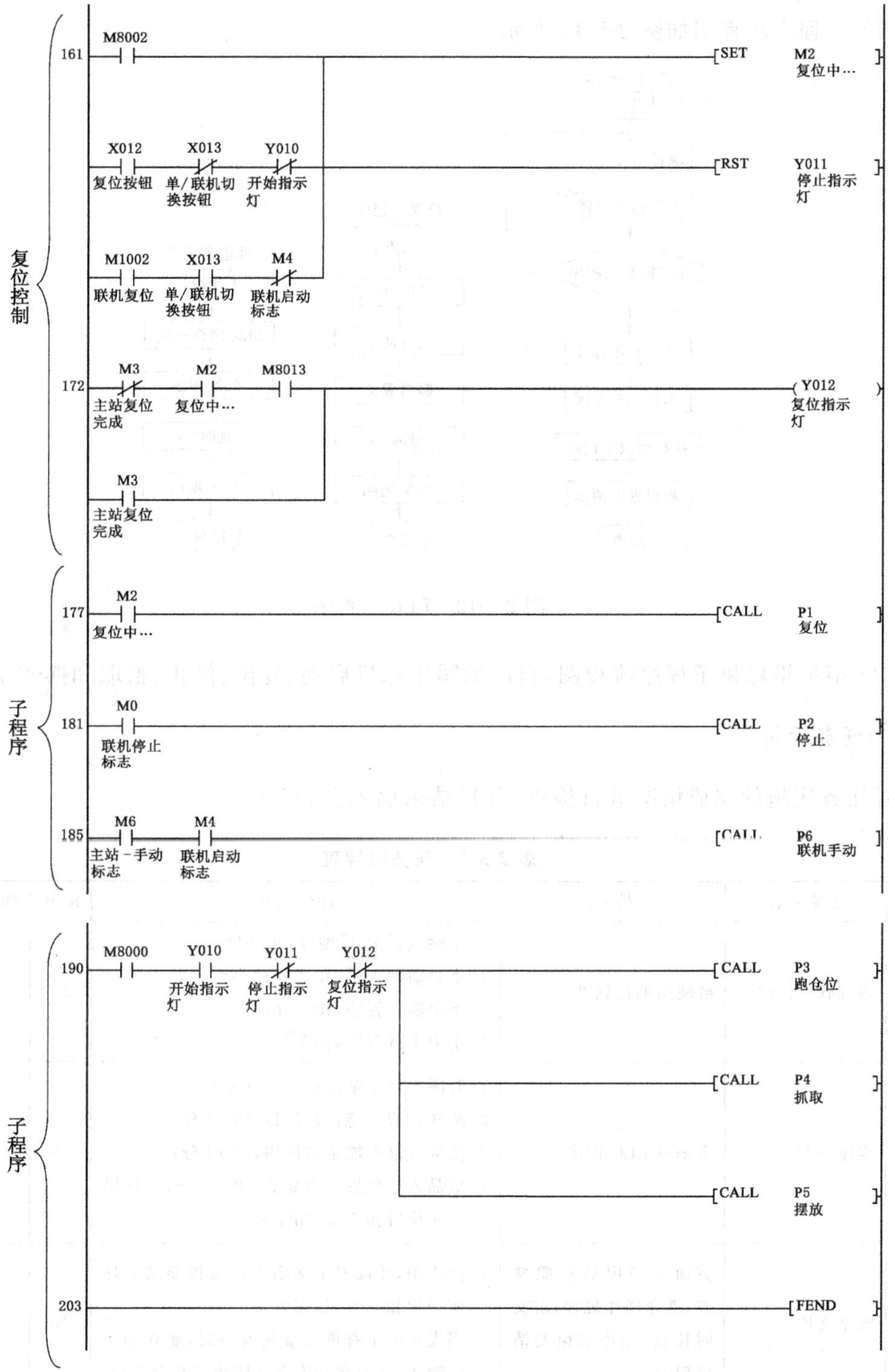

复位控制
161
M8002
SET
M2
复位中…
X012
复位按钮
X013
单/联机切换按钮
Y010
开始指示灯
RST
Y011
停止指示灯
M1002
联机复位
X013
单/联机切换按钮
M4
联机启动标志
172
M3
主站复位完成
M2
复位中…
M8013
Y012
复位指示灯
M3
主站复位完成
子程序
177
M2
复位中…
CALL
P1
复位
181
M0
联机停止标志
CALL
P2
停止
185
M6
主站-手动标志
M4
联机启动标志
CALL
P6
联机手动
子程序
190
M8000
Y010
开始指示灯
Y011
停止指示灯
Y012
复位指示灯
CALL
P3
跑仓位
CALL
P4
抓取
CALL
P5
摆放
203
FEND

(d)

图 2-5-12(续)

2. PLC 子程序

(1) 子程序流程图如图 2-5-13 所示。

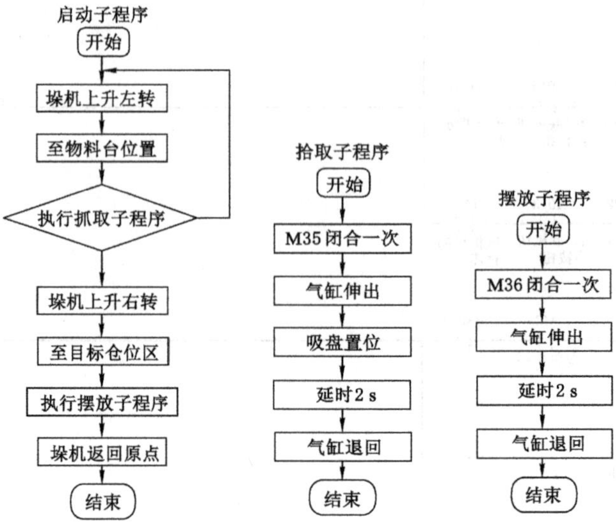

图 2-5-13　PLC 子程序

(2) 根据堆垛机子程序流程图,自己编写堆垛机启动、复位、停止、拾取和摆放子程序。

任务评价

对任务实施的完成情况进行检查,并将结果填入表 2-5-7。

表 2-5-7　任务测评表

序号	主要内容	考核要求	评分标准	配分	扣分	得分
1	编程软件使用	会使用编程软件	1. 不会选择 PLC 型号,扣 2 分; 2. 不会新建工程,扣 2 分; 3. 不会输入程序,扣 3 分; 4. 不会下载程序,扣 3 分	30		
2	程序编写	会编写 PLC 程序	1. 升降不能正常运行,扣 10 分; 2. 旋转伺服不能正常运行,扣 10 分; 3. 拾取气缸不能正常使用,扣 10 分; 4. 成品入仓位置放置错误,共 30 分,每放错一个位置扣 5 分,扣完为止	60		
3	安全文明生产	劳动保护用品穿戴整齐;遵守操作规程;讲文明礼貌;操作结束要清理现场	1. 操作中,违反安全文明生产考核要求的任何一项扣 5 分,扣完为止; 2. 当发现学生有重大事故隐患时,要立即予以制止,并每次扣安全文明生产总分 5 分	10		
合计				100		
开始时间:			结束时间:			

任务四 成品入仓单元系统优化与故障排除

任务目标

(1) 调试运行程序,观察成品入仓单元控制系统运行情况,并根据实际运行情况对程序进行改进,提高系统的运行效率,达到节能、安全的目的。

(2) 编写触摸屏组态画面,根据实际情况对画面进行改进,使其更简化、美观。

任务描述

成品入仓单元主要任务是为将机器人单元物料台上的包装盒吸取出来,然后按要求依次放入成品入仓单元 2×3 相应的仓位上。现在成品入仓单元已经组装完成,但是由于种种原因出现故障,不能正常运行。请根据所学知识,查找故障,将其排除,并将排除故障的操作步骤进行记录。

任务要求

(1) 旋转台/升降台故障排除。

(2) 触摸屏与工作站通信故障排除。

任务实施

一、故障一

1. 故障现象

旋转台/升降台伺服电机动不了。

2. 故障分析

首先检查下伺服驱动器的接线是否有错误,比如脉冲信号和方向信号与 PLC 的输出点是否连接正确以及电机的接线是否接反了;若接线没问题,再检查一下驱动器所需设置的参数是否正确;最后再考虑是否是驱动器损坏或者电机损坏。

请根据实际排除故障操作填写表 2-5-8。

表 2-5-8 排除故障操作记录卡

故障现象	
故障排除的方法	
故障排除的步骤	
结论	

二、故障二

1. 故障现象

触摸屏与工作站不能通信。

2. 故障分析

首先检查一下触摸屏与 PLC 之间的通信线是否松动，再检查一下触摸屏中关联的变量是否正确，如果是通过触摸屏控制或者监控其他工作站，则需要检查主站与其他从站的 RS485 接口是否有连接。

请根据实际排除故障操作填写表 2-5-9。

表 2-5-9 排除故障操作记录卡

故障现象	
故障排除的方法	
故障排除的步骤	
结论	

任务评价

对任务实施的完成情况进行检查评价，并将结果填入表 2-5-10。

表 2-5-10 任务测评表

序号	主要内容	考核要求	评分标准	配分	扣分	得分
1	工具使用	正确使用工具	使用工具不正确，扣 10 分	10		
2	方法应用	正确应用方法	1. 不会直接观察，扣 10 分； 2. 不会电压法，扣 10 分； 3. 不会电流法，扣 10 分	30		
3	排除故障思路	思路清晰	1. 排除故障思路不清晰，扣 10 分； 2. 故障范围扩大，扣 20 分	30		
4	故障排除	正确排除故障	能找到故障但不能排除故障或排除方法不对，扣 20 分	20		
5	安全文明生产	劳动保护用品穿戴整齐；遵守操作规程；讲文明礼貌；操作结束要清理现场	1. 操作中，违反安全文明生产考核要求的任何一项扣 5 分，扣完为止； 2. 当发现学生有重大事故隐患时，要立即予以制止，并每次扣安全文明生产总分 5 分	10		
合计				100		
开始时间：			结束时间：			

项目六　机电一体化设备系统编程与优化

任务一　RS485网络连接与通信程序编写

任务目标

掌握PLC的RS485通信(N：N协议)。

任务描述

在上面的项目中,我们已将设备的机械部分进行组装,并将电路和气路部分进行了组装,编写了PLC控制程序。现需要在了解相关理论知识的基础上,根据设备运行的联机监控要求,设计、组网连接各个单元,能实现联机运行。

任务要求

(1) PLC的RS485通信连接。

(2) 网络参数设置。

(3) 通信程序编写。

任务实施

一、PLC的RS485通信(N：N)

N：N网络中有系统指定的共享数据区域,即网络中的每一台PLC都要提供各自的辅助继电器和数据寄存器组成网络交换数据的共享区间。

对于网络中的每一台PLC,都可以将自身用于网络交换的数据存入共享数据库;网络中的每一台PLC,使用网络中其他PLC自动传来的数据就像本身内部数据库的数据一样;采用N：N网络通信,能链接一个小规模系统中的数据,每一台PLC都可以监控网络中的其他PLC共享区域中的数据。N：N网络的设置只有在程序运行或PLC启动时才有效。

1. 硬件连接

N：N通信协议最多用于8台FX系列PLC的辅助继电器和数据寄存器之间的数据自动交换,其中一台为主站,其余为从站,如图2-6-1所示。

2. N：N网络通信的参数设置

(1) 工作站号设置(D8176)

D8176的设置范围为0～7,主站应设为0,从站设为1～7。

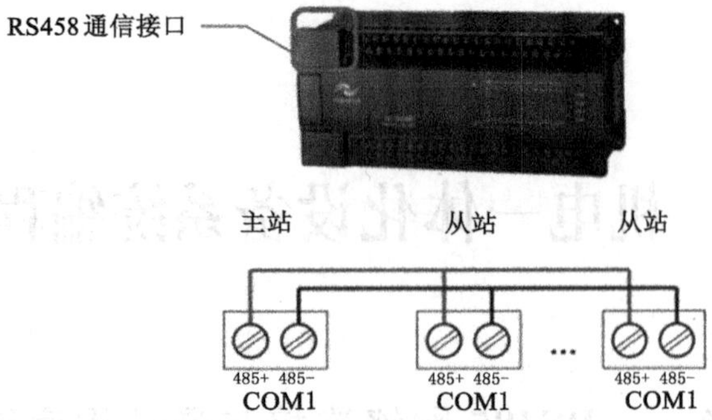

图 2-6-1　N：N 网络数据传输示意图

（2）从站个数设置(D8177)

D8177 用于主站中设置从站总数，从站中不需要设置，设定范围为 0～7 之间的值，默认值为 7。

（3）刷新范围模式设置(D8178)

刷新模式是指在设定的模式下主站与从站共享的辅助继电器和数据寄存器的范围，刷新模式由主站的 D8178 来设置，可以设为 0、1 或 2 的值(默认值为 0)，分别代表三种刷新模式，从站中不需要设置此值。表 2-6-1 是 D8178 对应的三种刷新模式，表 2-6-2 是三种模式对应的 PLC 中辅助继电器和数据寄存器的刷新范围，这些辅助继电器和数据寄存器供各站的 PLC 共享。

表 2-6-1　N：N 网络的刷新模式

通信元件	刷新模式		
	模式 0	模式 1	模式 2
	FX0N/FX1s/FX1N/FX2N/FX2NC	FX1N/FX2N/FX2NC	FX1N/FX2N/FX2NC
位元件	0 点	32 点	64 点
字元件	4 点	4 点	8 点

表 2-6-2　N：N 网络共享的辅助继电器和数据寄存器

站号	模式 0		模式 1		模式 2	
	位元件	4 点字元件	32 点位元件	4 点字元件	64 点位元件	8 点字元件
0	—	D0～D3	M1000～M1031	D0～D3	M1000～M1063	D0～D7
1	—	D10～D13	M1064～M1095	D10～D13	M1064～M1127	D10～D17
2	—	D20～D23	M1128～M1159	D20～D23	M1128～M1191	D20～D27
3	—	D30～D33	M1192～M1223	D30～D33	M1192～M1255	D30～D37
4	—	D40～D43	M1256～M1287	D40～D43	M1256～M1319	D40～D47
5	—	D50～D53	M1320～M1351	D50～D53	M1320～M1383	D50～D57
6	—	D60～D63	M1384～M1415	D60～D63	M1384～M1447	D60～D67
7	—	D70～D73	M1448～M1479	D70～D73	M1448～M1511	D70～D77

（4）重试次数设置（D8179）

D8179 用于设置重试次数，设定范围为 0～10（默认值为 3），该设置仅用于主站，当通信出错时，主站就会根据设置的次数自动重试通信。

（5）通信超时时间设置（D8180）

D8180 用于设置通信超时时间，设定范围为 5～155（默认值为 5），该值乘以 10 ms 就是通信超时时间，该设置限定了主站与从站之间的通信时间。

二、PLC 的 RS485 通信实例程序

例如，两台三菱 FX 系列的 PLC 通过 N：N 网络协议进行 RS485 通信，能实现主站 X0 闭合、从站 Y0 得电，从站 X1 闭合、主站 Y1 得电。

1. 硬件连接

将主站 PLC 与从站 PLC 的 COM1 口短接，如图 2-6-2 所示，注意不要接错。

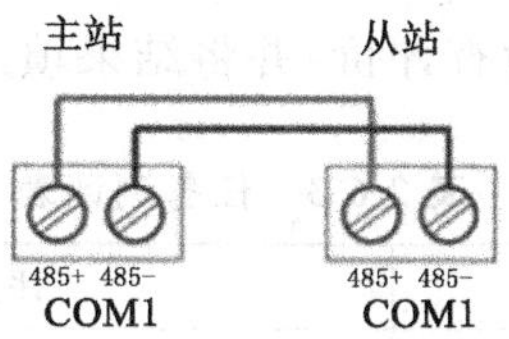

图 2-6-2 COM1 口短接

2. 程序编写

程序如图 2-6-3、图 2-6-4 所示。

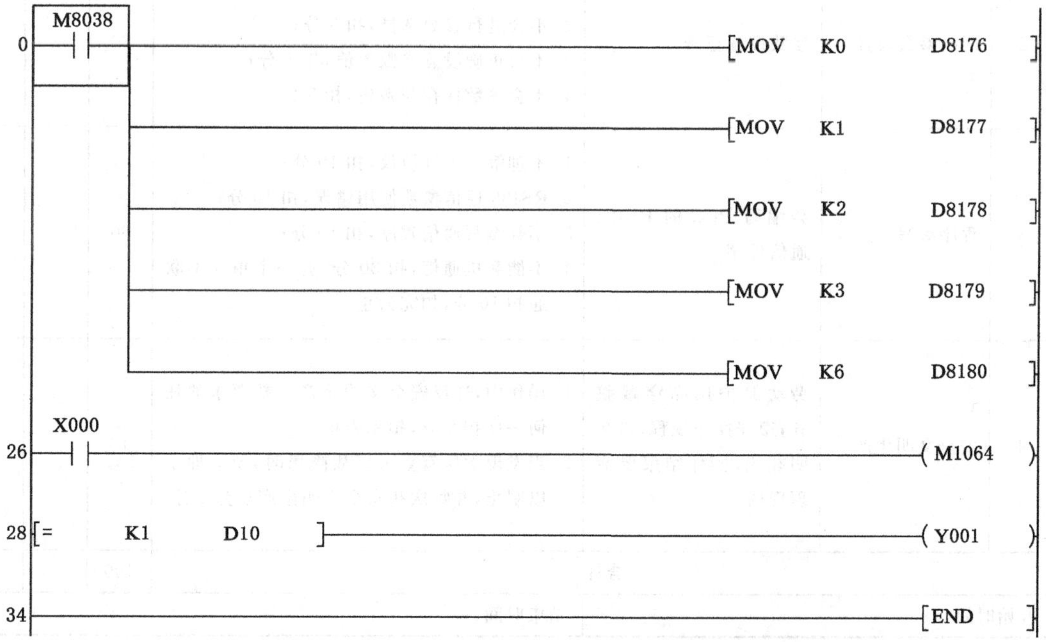

图 2-6-3 主站程序

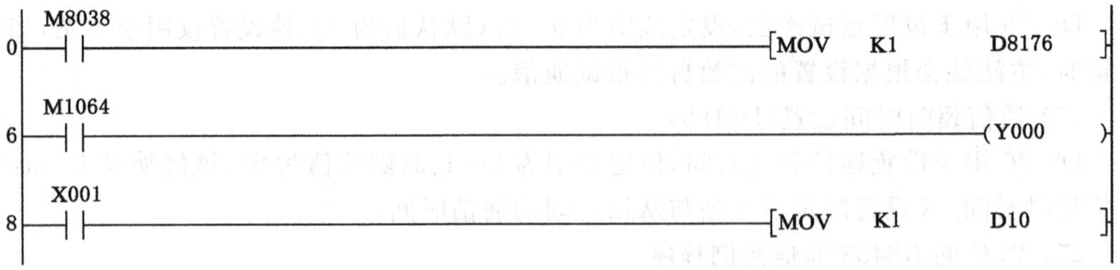

图 2-6-4 从站程序

任务评价

对任务实施的完成情况进行检查评价，并将结果填入表 2-6-3。

表 2-6-3 任务测评表

序号	主要内容	考核要求	评分标准	配分	扣分	得分
1	PLC 间网络连接	符合工艺要求	1. 接口选择不正确，扣 2 分； 2. 电缆选择不正确，扣 2 分； 3. 连接不正确，扣 3 分； 4. 连接不规范，扣 3 分	10		
2	网络参数设置	参数设置正确	1. 不会打开设置窗口，扣 5 分； 2. 不会进行参数选择，扣 5 分； 3. 不会正确设置参数数值，扣 5 分； 4. 不会参数保存与备份，扣 5 分	20		
3	程序编写	会编写 PLC 的 RS485 通信程序	1. 不理解 N：N 协议，扣 10 分； 2. RS485 通信参数使用错误，扣 10 分； 3. 不会编写通信程序，扣 10 分； 4. 不能联机通信，扣 30 分，有一个单元不联通扣 10 分，扣完为止	60		
4	安全文明生产	劳动保护用品穿戴整齐；遵守操作规程；讲文明礼貌；操作结束要清理现场	1. 操作中，违反安全文明生产考核要求的任何一项扣 5 分，扣完为止； 2. 当发现学生有重大事故隐患时，要立即予以制止，并每次扣安全文明生产总分 5 分	10		
合计				100		
开始时间：			结束时间：			

任务二　触摸屏组态监控

任务目标

掌握 MCGSE(昆仑通态)组态画面的编写与监控。

任务描述

(1) 触摸屏与硬件的连接。
(2) 组态软件的应用。

任务要求

(1) 能正确连接触摸屏与 PLC、触摸屏与计算机。
(2) 学会组态软件的基本操作方法,能编写各单元的功能组态和联机组态。

任务实施

一、组态软件(MCGSE)的使用

1. 组态软件概述

组态软件,又称组态监控系统软件,译自英文 SCADA,即 Supervisory Control and Data AcquisitI/On(数据采集与监视控制)。它是指一些数据采集与过程控制的专用软件;它们处在自动控制系统监控层一级的软件平台和开发环境,使用灵活的组态方式,为用户提供快速构建工业自动控制系统监控功能的、通用层次的软件工具。组态软件的应用领域很广,可以应用于电力系统、给水系统、石油、化工等领域的数据采集与监视控制以及过程控制等诸多领域。

2. 触摸屏与设备的硬件连接

(1) 把 USB 通信线两端分别与计算机 USB 口和触摸屏编程口连接,如图 2-6-5 所示。

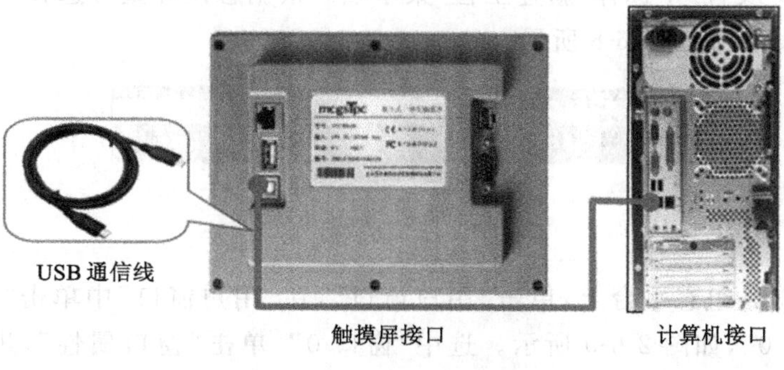

图 2-6-5　PC 与触摸屏通信

(2) 把 SC-09 通信线分别连接到触摸屏与 PLC 上,分别把触摸屏和 PLC 程序下载后即

可实现相互之间的通信,如图 2-6-6 所示。

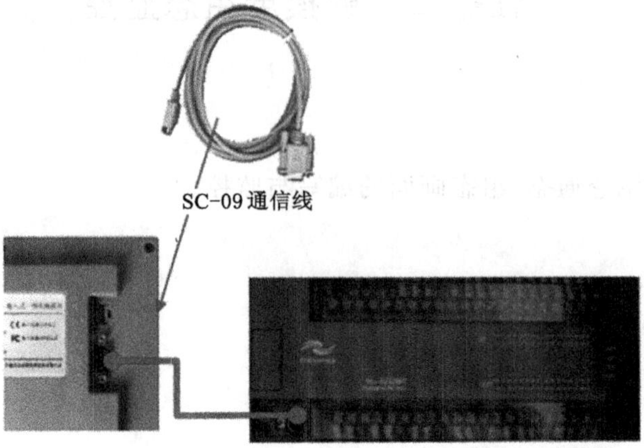

图 2-6-6　PLC 与触摸屏通信

3. 组态软件的使用

(1) 建立 MCGS 工程(以颗粒上料工作站为例),打开 MCGS 软件,进入主界面,如图 2-6-7 所示。

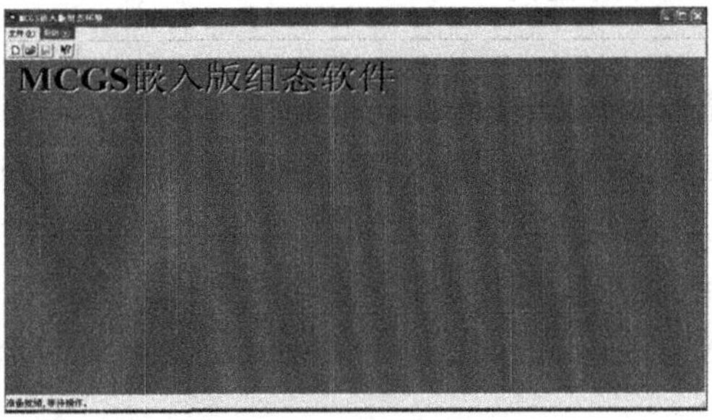

图 2-6-7　MCGS 主界面

(2) 在菜单"文件"中选择"新建工程"菜单项。根据触摸屏型号选择 TCP 类型,设定工程背景和网格大小,如图 2-6-8 所示。

图 2-6-8　新建工程

(3) 在 MCGS 组态平台上,单击"用户窗口",在"用户窗口"中单击"新建窗口"按钮,则产生新"窗口 0",如图 2-6-9 所示。选中"窗口 0",单击"窗口属性",进入"用户窗口属性设置",如图 2-6-10 所示。将窗口名称改为"颗粒上料工作站",其他不变,单击"确认"。

(4) 选中刚创建的"颗粒上料工作站"用户窗口,单击"动画组态",进入动画制作窗口,如图 2-6-11 所示。

(5) 单击工具条中的"工具箱"按钮,则打开动画工具箱(图 2-6-12),进行画面的编辑。

图 2-6-9　窗口 0

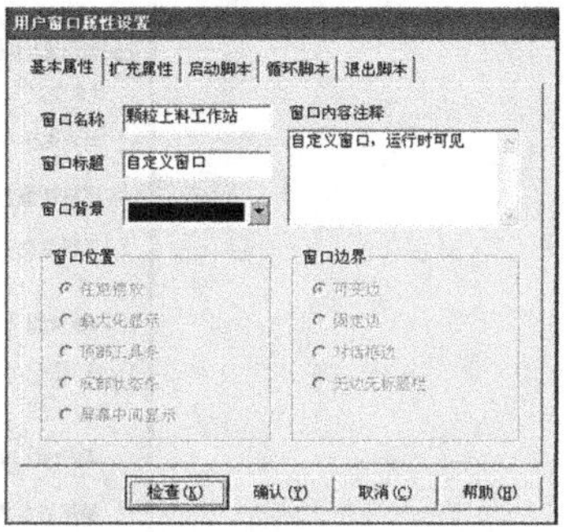

图 2-6-10　用户窗口属性设置

最后生成的画面如图 2-6-13 所示。

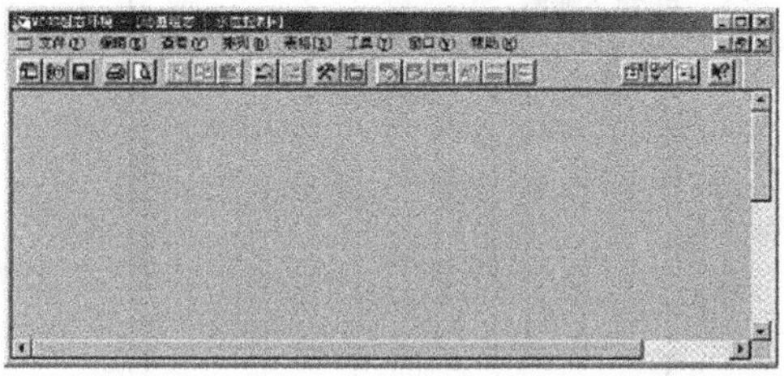

图 2-6-11　动画制作窗口

图 2-6-12　工具箱

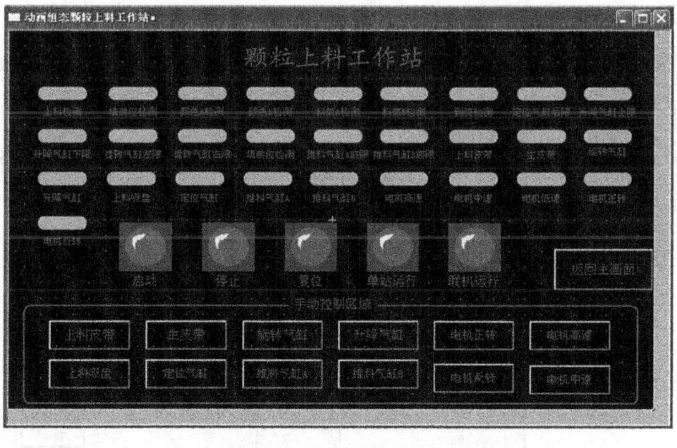

图 2-6-13　颗粒上料单元组态

(6) 点击工作台的“实时数据库”窗口标签，进入实时数据库窗口页。按“新增对象”或“成组增加”按钮，在窗口的数据变量列表中增加新的数据变量，如图 2-6-14 所示。

(7) 在用户窗口中，将图形对象与实时数据库中的数据对象建立相关性连接，并设置相应的动画属性，如图 2-6-15 所示。

(8) 在设备窗口中双击“设备窗口”进入，点击工具条中的“工具箱”图标，打开“设备工具箱”，如图 2-6-16 所示。

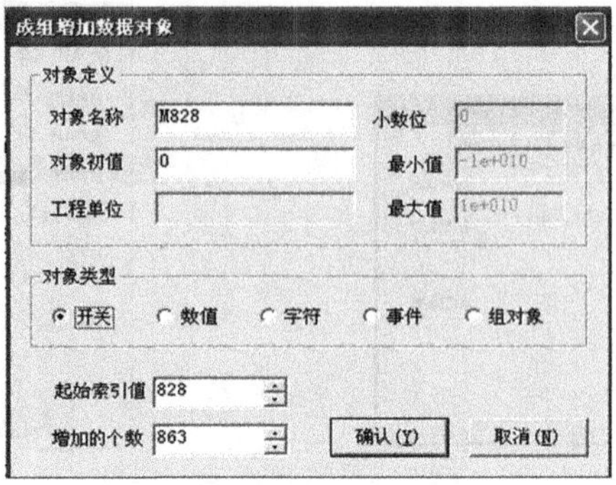

图 2-6-14　成组增加数据对象

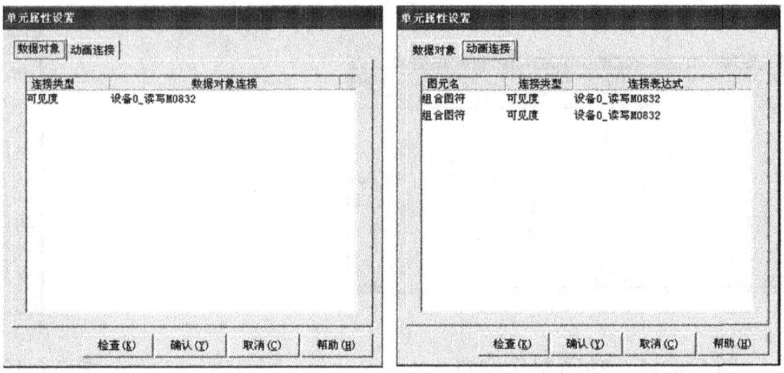

图 2-6-15　单元属性设置

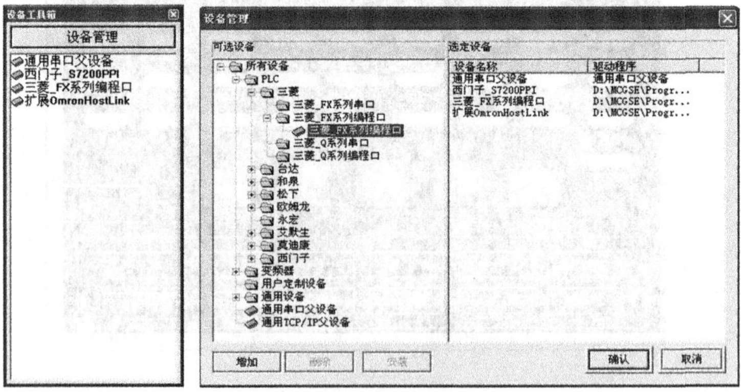

图 2-6-16　设备工具箱

(9) 添加设备成功后,双击“

”,进入设备属性设置,如图 2-6-17 所示。

在设备属性设置中,可以根据需要增加或删除通道。在所要连接的通道中单击鼠标右键,找到实时数据库中所对应的变量,单击“确认”。在设备调试中可以看到数据的变化,将

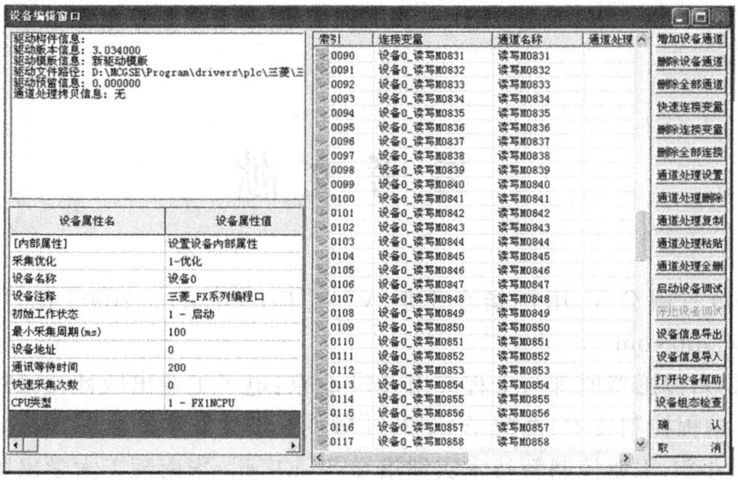

图 2-6-17　设备编辑窗口

触摸屏与 PLC 连接好,写入程序,运行设备,就能监控到数据的变化。

任务评价

对任务实施的完成情况进行检查评价,并将结果填入表 2-6-4。

表 2-6-4　任务测评表

序号	主要内容	考核要求	评分标准	配分	扣分	得分
1	硬件连接	正确连接触摸屏、PLC 与计算机	1. 不会选择数据线,扣 10 分; 2. 不会连接接口,扣 10 分	20		
2	组态软件使用	会使用软件编写组态画面	1. 不会设置设备窗口,扣 14 分; 2. 不会进行按钮以及指示灯的调用,扣 14 分; 3. 不会关联 PLC 变量,扣 14 分; 4. 不会上传画面,扣 14 分; 5. 不会下载画面,扣 14 分	70		
3	安全文明生产	劳动保护用品穿戴整齐;遵守操作规程;讲文明礼貌;操作结束要清理现场	1. 操作中,违反安全文明生产考核要求的任何一项扣 5 分,扣完为止; 2. 当发现学生有重大事故隐患时,要立即予以制止,并每次扣安全文明生产总分 5 分	10		
合计				100		
开始时间:			结束时间:			

参考文献

[1] ABB(中国)有限公司.用户指令手册 V1.0[EB/OL].(2020-03-12)[2021-09-15].https://new.abb.com.

[2] 戴蓉,刘波峰.传感器原理与工程应用[M].北京:电子工业出版社,2013.

[3] 李言武.可编程控制技术:西门子 S7-200[M].修订版.北京:北京邮电大学出版社,2017.

[4] 梁耀光,王小涓.工业控制新技术实训指导[M].广州:华南理工大学出版社,2015.

[5] 吕景泉.自动化生产线安装与调试[M].北京:中国铁道出版社,2012.

[6] 三菱电机自动化(中国)公司.FR-A500 变频器使用手册[EB/OL].(2019-03-10)[2021-02-05].http://mitsubishielectric.com.

[7] 三菱电机自动化(中国)公司.MR-JE-A 伺服放大器技术资料集[EB/OL].(2020-09-25)[2021-06-16].http://mitsubishielectric.com.

[8] 深圳昆仑通态科技有限责任公司.MCGS 昆仑通态用户手册[EB/OL].(2018-07-19)[2021-05-25].http://www.mcgs.com.cn.

[9] 深圳市汇川技术股份有限公司.H2U 系列 PLC 指令及编程手册[EB/OL].(2020-06-21)[2021-04-13].http://www.inovance.cn.

[10] 杨健.液压与气动技术[M].北京:北京邮电大学出版社,2014.

[11] 叶晖,何智勇,杨薇.工业机器人工程应用虚拟仿真教程[M].北京:机械工业出版社,2014.

附　录

附录 1　机械装配图

附录 2　电气原理图